>>> 水稻一次性施肥产品

水性树脂包膜缓释尿素

稳定性长效氮肥

水基聚合物包膜尿素

ESN树脂包膜尿素

可降解酯类包膜尿素

脲酶抑制剂型长效缓释肥

硫包衣尿素

硫加树脂包膜缓释尿素

缓/控释掺混肥

热固型包膜肥-1

热固型包膜肥-2

热固型包膜肥-3

内容提要

　　本书系统介绍了水稻生产及施肥现状、一次性施肥产品、一次性施肥机具；重点介绍了一次性施肥关键技术，包括肥料施用量、肥料品种、肥料施用方法等；结合区域特点及高效栽培等综合管理措施介绍了水稻一次性施肥技术规程。本书是在作者所在研究团队近几年科研成果的基础上编写的，内容全面、新颖、重点突出，图文并茂、通俗易懂，具有实用价值高、技术先进、操作性强等特点，可供水稻生产一线的技术人员、农民、肥料生产及销售人员、农业院校师生、科研院所技术工作者阅读参考。

听专家田间讲课

水 稻
一次性施肥技术

SHUIDAO YICIXING SHIFEI JISHU

李小坤　主编

中国农业出版社
北京

主　　编　李小坤

参编人员（以姓氏拼音为序）

　　　　　　程培军　　丛日环　　郭　晨

　　　　　　侯文峰　　李鹏飞　　廖世鹏

　　　　　　鲁剑巍　　王　森　　汪　洋

　　　　　　闫金垚　　张洋洋　　张江林

出版说明

CHUBANSHUOMING

　　保障国家粮食安全和实现农业现代化，最终还是要靠农民掌握科学技术的能力和水平。为了提高我国农民的科技水平和生产技能，向农民讲解最基本、最实用、最可操作、最适合农民文化程度、最易于农民掌握的种植业科学知识和技术方法，解决农民在生产中遇到的技术难题，中国农业出版社编辑出版了这套"听专家田间讲课"丛书。

　　把课堂从教室搬到田间，不是我们的最终目的，我们只是想架起专家与农民之间知识和技术传播的桥梁；也许明天会有越来越多的我们的读者走进校园，在教室里聆听教授讲课，接受更系统、更专业的农业生产知识与技术，但是"田间课堂"所讲授的内容，可能会给读者留下些许有用的启示。因为，她更像是一张张贴在村口和地头的明白纸，让你一看就懂，一学就会。

本套丛书选取粮食作物、经济作物、蔬菜和果树等作物种类，一本书讲解一种作物或一种技能。作者站在生产者的角度，结合自己教学、培训和技术推广的实践经验，一方面针对农业生产的现实意义介绍高产栽培方法和标准化生产技术，另一方面考虑到农民种田收入不高的实际问题，提出提高生产效益的有效方法。同时，为了便于读者阅读和掌握书中讲解的内容，我们采取了两种出版形式，一种是图文对照的彩图版图书，另一种是以文字为主插图为辅的袖珍版口袋书，力求满足从事农业生产和一线技术推广的广大从业者多方面的需求。

期待更多的农民朋友走进我们的田间课堂。

2016 年 6 月

目录
MU LU

出版说明

第一章
水稻生产现状

水稻属于禾本科（Poaceae 或 Gramineae）稻亚科（Oryzoideae）稻属（*Oryza* Linnaeus），为广泛分布于热带和亚热带地区的一年生草本植物。稻属由两个栽培种和二十多个野生稻种组成。亚洲栽培稻普遍分布于全球各稻区，非洲栽培稻现仅在西非有少量栽培。栽培稻起源于野生稻，其中非洲栽培稻起源于长药野生稻（*Oryza longistaminata*），亚洲栽培稻则起源于普通野生稻（*Oryza rufipogon*）。

第一节　水稻在农业生产
中的地位

"民以食为天，食以稻为先"。水稻是我国主要粮食作物之一，由于其适应性强，产量高而稳定，在粮食生产中具有举足轻重的地位。在我国，南自海南省，北至黑龙江省北部，东起台湾省，西抵新疆维吾尔自治区的塔里木盆地西缘，低如东南沿海的滩涂田，高至西南云贵高原海拔 2 700 米以上的山区，凡是有水源灌溉的地方，都有水稻栽培。近半个世纪中，我国水稻年播种面积占粮食种植面积的 30% 左右，年产量占粮食总产量的 43% 左右。2014 年，全国水稻播种面积 3 031 万公顷，总产 20 651 万吨。从事水稻生产的农户数量占全国农户总数的 1/2，全国 2/3 以上的人口以稻米为主食，85% 以上的稻米是作为口粮消费。如果水稻生产出现大的波动，势必会直接影响到我国的粮食供给，威胁到粮食安全。因此，我国的粮食安全问题从某种意义上说就是稻米生产的安全问题。但是从 2007 年起，玉米的播种面积超过了水稻，2012 年玉米总产也超过了水稻，玉米取代水稻成为我国的第一大粮食作物（图 1-1）。尽管如此，编者认为短期内水稻作为我国第一大口粮作物的地位并不会发生变化。

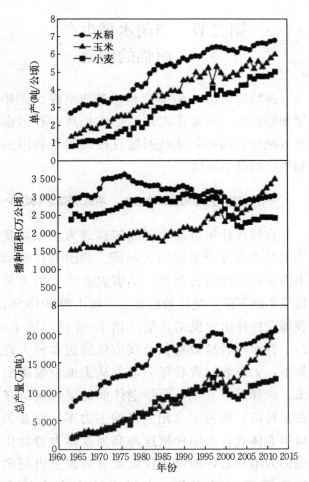

图 1-1 我国水稻、玉米和小麦三大粮食作物的单
产、播种面积和总产量变化趋势

第二节　当前水稻生产面临的问题

虽然我国的水稻单产和总产均呈现出逐年增加的趋势，但是在水稻生产中仍然存在诸多不可回避的问题，这些问题直接制约着我国水稻生产的健康发展。

一、农村劳动力短缺，稻田面积减少

农村青壮年劳动力不断转移成为了限制我国水稻产业健康发展的新问题。我国农村劳动力的流失呈现增长趋势，从事农业生产的人员数量不断下降。统计数据显示，截止到 2013 年，我国农村外出农民工总量已达 1.66 亿（图 1-2）。在水稻种植效益低及城市化快速发展大背景下，大量农村青壮年劳动力从土地中脱离出来，选择进城务工，而年老体弱的父母则留守在家种田，成为了水稻生产的主力军。随着父母年老体衰，水稻种植这种高强度体力劳动让他们力不从心，种田质量发生下降甚至出现水稻季撂荒弃耕现象，农村土地产出率越来越低。

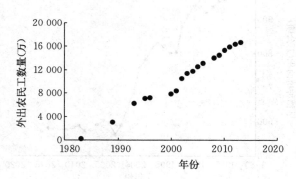

图 1-2　我国外出农民工数量变化趋势

　　此外，由于我国水稻种植效益和产业化程度较低，广东、浙江、江苏等地因为发展工业调减稻田面积，每年造成的稻谷损失在1 000多万吨；在东北地区，农户因转种大豆和其他经济作物而导致水稻面积出现大幅度下滑。国家统计局发布的数据显示，2015年全国早稻种植面积571.5万公顷，与1985年的957.5万公顷相比下降了40%（图1-3）。早稻种植面积大幅度减少的主要原因是由于双季稻劳动强度太大，为了降低劳动强度和减少劳动力投入成本，很大一部分农民选择改双季稻为单季稻。

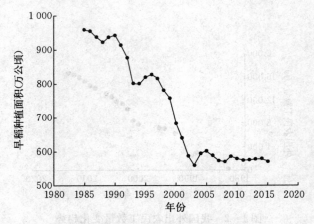

图1-3 我国早稻种植面积变化趋势

二、农资价格上涨，种植成本增加

近年来，由于受市场供求关系以及生产成本推动的影响，种子、农药和化肥等农资价格大幅度上涨，直接增加了农业生产成本和农民负担。尽管国家在稻谷主产区一再出台稻谷最低保护价收购政策，以保护农民种植水稻的积极性，保障水稻安全生产，但是国家惠农政策带给农民的实惠远不及农资价格上涨所增加的种植成本，这些不利因素严重制约了农民增收，同时也降低了农民种植水稻的积极性。一方面，农户种植水稻的面积逐渐减少；另一方面，在农业生产资料价格不断上涨的条件下，农户通过购买质低价廉的农资或减少农资投入量等方式降低水稻生产的投入。

三、农户管理技术水平有限，限制产量发挥

研究表明，1991—2008 年仅有 20.1％的水稻单产增长来源于技术进步，可见以往的水稻增产并未发挥出管理技术的主导作用；资本和劳动力投入对水稻单产的贡献率分别为 43.1％和 36.8％，其作用均强于管理技术的贡献。但是随着劳动力和生产资料价格上涨，农户在水稻生产中投入的物质成本和劳动力正在逐渐降低，物质成本和劳动力投入对水稻单产增加的贡献率正在逐年下降，未来水稻产量的提升还是将依靠管理技术水平的提高。

当前农户的水稻种植管理技术不合理主要表现在以下方面：

（1）**插秧密度太低** 传统的手工移栽劳动强度太大，加上近几年劳动力短缺及劳动力价格上涨，农民普遍进行低密度移栽。为保证足够的分蘖数而增加氮肥用量，一方面降低了氮

肥利用率，造成了资源的浪费，污染了生态环境；另一方面增加了种植成本。而现有的机插秧株行距过大，农机手为了提高插秧速度，增加收入，也会人为调大株行距，插秧密度同样难以保证。密度过低不能实现光能和地力的有效利用，个体的正常发育和群体的协调发展不能保证，因此很难实现高产高效。

（2）**养分管理不合理** 养分的管理不合理主要表现在两个方面：一方面是肥料施用时期不合理，例如氮肥前期施用多，后期施用少。调查结果表明，农民习惯将氮肥的 55％～85％作为基肥或者在移栽后 10 天内追施作为分蘖肥。施用基肥的农户比例有 100％，施用分蘖肥的农户比例为 76.1％，而施用穗肥的农户比例只有 18.4％。尽管水稻前期提高氮肥用量有利于秧苗返青和分蘖形成，尤其对于分蘖力相对较低的大穗型品种效果更为明显，但是由于前期水稻未形成庞大的根系，不能吸收过量的氮肥而造成肥料在土壤和灌溉水中浓度很高，长时间停留会加剧氮肥的损失，同时也不能满足高产水稻后期对氮素营养的需求。另一方面表现在氮、磷、钾养分配比例不合理，偏施氮肥，轻施磷、钾肥。全国水稻氮、磷、钾比例平均为

1：0.37：0.16，钾肥用量极度缺乏，成为了限制水稻高产的重要因子。

四、全程机械化尚未实现，部分生产环节机械化水平较低

在我国主要的粮食作物中，水稻存在生长发育环境和技术措施复杂等客观因素，如耕作栽培精细，生产环节多，季节性强，用工量大，劳动强度高，作业机械化难度大等。改变水稻传统的种植方式，一直是广大农民的迫切愿望。近年来，许多农村青壮年劳动力进城务工，从事水稻生产的劳动力越来越弱，数量越来越少，推广水稻生产机械化势在必行。机械化种植对我国水稻生产至关重要，调查表明，与传统水稻种植方式相比，新型机械化作业每公顷可增产稻谷 1 000 千克，增幅达 5%～10%。按照我国当前的水稻种植面积计算，随着水稻生产机械化程度的不断提高，增产率每增加一个百分点，全国可以增加 3.7 亿千克稻谷，经济效益和社会效益十分显著。在我国人多地少，满足稻米需求主要依靠提高单产来增加总产的现实国情下，发展水稻机械化的需要更加迫切。

水稻生产机械化要求先进的农业机具与农田基本建设、稻田种植制度、土壤耕作培肥、水稻品种、播种育秧移栽等全程工艺及植保措施、生产经营方式诸要素优化协调并能综合配套应用。在我国，水稻生产迫切需要以机械化作业为核心的现代稻作技术（图1-4）。因此，如何尽快将农机与农艺结合，加快发展水稻机械化，对有效提高我国水稻生产水平、保障粮食安全、增加农民收益以及推进我国农业现代化发展具有重要意义。

图1-4　水稻机械化种植发展趋势

在我国的水稻生产过程中，机耕、机种、机收均已实现机械化且应用较为普遍，而且近年来病虫害的机械化防治发展也较为迅速。纵观整个水稻生产过程，唯独施肥机械化尚未推广普及。随着水稻品种的更新和栽培水平的不断提高，高产水稻的栽培逐渐增加了追肥次数，并且注重后期追肥。分次施肥虽然提高了肥料利用率，增加了水稻产量，但是施肥次数多导致费时费工，生产成本较高，且劳动生产效率低下。近年来，随着农村产业结构的调整、施肥方法和肥料制造技术的改进，广大农业科研工作者在简化水稻施肥技术方面进行了大量探索，水稻一次性施肥技术也开始逐渐受到人们的关注。与传统手工撒施肥料相比，在水稻种植前通过机械将化肥深施于一定位置的土层，具有以下优越性：肥料与水稻根系距离相对精准，提高了肥料的利用率，增加了稻谷产量；种、肥定位隔离，有效避免了烧种烧苗现象的发生；机械化施肥能够有效提高工作效率，肥料较手工撒施更均匀，减轻了劳动强度；前期一次性施肥，后期不用二次追肥，省工省时，易于推广；化肥深施可有效减轻对环境的污染，促进生态环境可持续发展。

水稻生产全程机械化是大势所趋。水稻生产的种植模式创新就是要在保证产量不降低的情况下，降低劳动力投入，减轻劳动强度，减少农资投入，保障水稻生产利润。如今依靠机械化，用更少的劳动力投入来获取更高的稻谷单产和更好的经济效益，已经成为我国稻作区农民的主要呼声，也是我国水稻生产实现现代化的必然选择。

第二章
水稻施肥现状

第一节　施肥在水稻生
产中的作用

肥料在水稻生产中有着非常重要的地位，特别是化肥，在农业增产中起着举足轻重的作用，是农民生产性投资中较大的物资性投资之一。合理施肥是保障水稻养分供应充足，增加水稻产量，提高稻米品质的重要途径之一。

一、水稻的增产增收必须依赖化肥的施用

1980年以后，我国进入以化肥为主、有机肥与化肥配合施用的施肥阶段，此后施用化肥的效果很快显现出来，各种农作物的产量大幅度提高，化肥作为当家肥的局面基本形成。关于化肥在农业增产中的作用，国内外许多学者都已进行过大量研究。诸多研究表明，平衡施

用氮、磷、钾肥是确保水稻高产的有效措施之一，它通过改善水稻的经济性状提高水稻产量。编者所在课题组开展的大量田间试验研究结果表明，在施用磷、钾肥的基础上，早、中、晚稻适量施氮后产量均有一定程度的增加，平均增产量分别为1 631千克/公顷、2 021千克/公顷和1 631千克/公顷，增产率分别为37.0%、35.7%和32.4%，氮肥对产量的贡献率分别为24.7%、24.0%和23.4%。早、中、晚稻施氮后的净收益也均有显著增加，增收值分别平均为2 205元/公顷、2 965元/公顷和2 262元/公顷。说明当前生产条件下，氮肥在水稻生产中发挥了极为重要的作用。

尽管因土壤基础供磷量丰富或气候环境、栽培条件等影响，早、中、晚稻施磷后出现了少部分试验未增产和未增收的现象，但是其余试验施磷后产量和净收益均有不同程度的增加，增产量平均分别为850千克/公顷、937千克/公顷和646千克/公顷，增产率分别为15.8%、14.0%和10.6%，磷肥贡献率分别为12.6%、11.3%和9.0%，净收益分别平均增加1 201元/公顷、1 423元/公顷和921元/公顷。国际植物营养研究所（IPNI）在中国进行的合作项目

2002—2006 年的肥效试验结果中，水稻在 P_2O_5 平均用量为 94 千克/公顷时的增产率为 13.2%，其磷肥用量远高于编者所在课题组研究中的用量（63 千克/公顷），而增产率略低于编者所在课题组研究中的磷肥增产率（13.6%）。说明目前磷肥在水稻的增产增收中所发挥的作用仍然不可忽视，且更应该通过改善施肥方法等措施来提高磷肥的施用效果。

长期以来我国农业生产都忽略了钾肥的施用，钾肥用量偏低，致使肥料用量比例不平衡。在部分地区，土壤缺钾已成为农业生产进一步发展的限制因素。编者所在课题组的研究也证实了这一点，早、中、晚稻除 31 个试验施钾未增产，其余试验（$n=577$）的产量在施钾后均有提高，平均增产量分别为 648 千克/公顷、876 千克/公顷和 750 千克/公顷，增产率分别为 11.4%、12.8%和 13.0%，钾肥贡献率分别为 9.6%、10.5%和 10.6%。同样，钾肥施用也有显著的增收效果，早、中、晚稻净收益分别增加了为 582 元/公顷、966 元/公顷和 661 元/公顷。

总体来说，早、中、晚稻产量和经济效益的提高离不开氮、磷、钾肥的施用，而水稻对肥料投入的反应因水稻季型、水稻品种、土壤肥力、水分及气候条件等因素影响而差异很大，这与国内外的许多研究结果是一致的。相比于单一肥料的施肥效果，氮、磷、钾肥配施的增产、增收效果更加明显，早、中、晚稻的平均增产量分别为 2 128 千克/公顷、2 594 千克/公顷和 2 068 千克/公顷，增产率分别为 57.3%、51.5% 和 45.6%，肥料贡献率分别为 32.6%、30.9% 和 29.7%，增加的净收益分别为 2 187 元/公顷、3 071 元/公顷和 2 080 元/公顷。20 世纪 80 年代全国化肥试验网统计了 829 个水稻试验的结果，发现无肥产量和施肥产量分别为 4 167 千克/公顷和 5 868 千克/公顷，增产量平均为 1 701 千克/公顷，增产率为 40.8%，肥料贡献率为 29.0%。可见与过去相比，目前水稻氮、磷、钾肥配施的增产幅度提高了，表明目前高产水稻品种对肥料的依赖性更强，化肥在当前的农业增产中发挥了更加重要的作用。这可能是因为目前水稻生产中氮、磷、钾肥的用量及比例更加合理的缘故。而众多研究表明，合理配施氮、磷、钾肥不仅可提高作物产量，同时可促进土壤中氮、磷、钾养分含量的增加。

二、土壤肥力在水稻生产中的重要性

土壤肥力作为土壤质量的核心,其在气候、管理技术等相对一致的区域是影响土壤生产力的主要因素。土壤基础肥力不同,作物的生产力水平会产生很大差异。国际上的多个长期定位试验研究发现,在低肥力、不施肥的情况下,作物产量呈现持续下降的趋势;而在高肥力、不施肥的条件下,作物种植 50 年后的产量仍在增加。土壤的基础肥力越高,作物的生产潜力就越大,越容易获得高产;如果土壤肥力水平较低,即使通过合理施肥也难以获得更高的产量。朱兆良和金继运指出,高肥力土壤在作物高产稳产中的作用不能通过当季多施肥替代。编者所在课题组的研究发现,2006—2010 年湖北省早、中、晚稻的地力贡献率(地力贡献率＝无肥处理的产量/氮、磷、钾肥配施处理的产量 × 100%)分别为 67.4%、69.1% 和 70.3%,而相对应的肥料贡献率分别仅为 32.6%、30.9% 和 29.7%,可见保持和提高土壤肥力是实现水稻高产稳产的重要基础。

无肥处理产量反映了土壤的基础供肥能力

和环境因素状况。编者所在课题组研究表明，施肥处理（氮、磷、钾肥配施）与无肥处理的产量呈显著的正相关，早、中、晚稻无肥处理产量每增加一个单位，施肥处理产量分别增加0.487千克/公顷、0.429千克/公顷和0.869千克/公顷，表明相较于早稻和中稻，晚稻产量对土壤基础肥力和环境的依赖程度最大，对肥料的依赖程度相对最小，这与晚稻施肥增产率及肥料贡献率相对较低是一致的。早、中、晚稻施氮（磷、钾）处理的产量均随无氮（磷、钾）处理产量的提高呈增加趋势，表明水稻产量与土壤的基础供氮（磷、钾）能力间存在密切的相关关系。黄欠如等研究发现，虽然不同施肥处理的作物产量与土壤基础地力间均呈极显著相关，但施肥结构越完善，相关系数越小。编者所在课题组的研究结果也证明了这一点，氮、磷、钾肥用量在适宜水平下的产量与缺素处理产量间的相关系数基本都低于肥料用量不足和施肥过量时的相关系数。以上结果表明，适量施肥可以降低水稻产量对土壤地力的依赖程度，但并不是施肥越多越好，施肥过量不仅不会继续降低产量对土壤地力的依赖程度，反而会因投入成本的增加导致经济效益下降，并造成一系列的环境问题。

与产量的表现相反，作物产量对肥料的响应表现为低肥力土壤高于高肥力土壤。早、中、晚稻氮、磷、钾肥的增产效果及肥料贡献率基本均随相应缺素处理产量的提高呈逐渐下降的趋势，表明土壤的供肥能力越高，水稻的肥料增产效应越低。因此，针对土壤肥力较低的土壤，应该把施肥作为优先采用的增产措施，同时加强土壤改良和农田建设，提高土壤肥力；而针对土壤肥力较高的土壤，应考虑通过施肥以外的栽培和水分管理等措施，充分挖掘高产水稻品种的增产潜力。与湖北省 2005 年的水稻试验结果（地力贡献率为 65％，肥料贡献率为 35％）相比，编者所在课题组研究的 2006—2010 的地力贡献率有所提高，说明稻田土壤的肥力水平比以前有所提高。可能原因是，近几年在湖北省开展的测土配方施肥行动与秸秆还田工程提高了稻田土壤的肥力水平，在很大程度上提高了土壤地力对水稻产量的贡献率。

三、氮、磷、钾肥在水稻产量构成中发挥的作用

前人研究表明，氮肥对水稻产量构成因子的

影响最大。李熙英等和曾勇军等的研究均认为施用氮肥有利于增加单位面积有效穗数和每穗粒数，但会引起结实率的下降。而二者对于氮肥对千粒重的影响结论不一，一方认为施氮会导致千粒重下降，另一方则认为对千粒重无显著影响。编者所在课题组在多年多点田间试验的基础上，发现施用氮肥后，早、中、晚稻的单位面积有效穗数和每穗粒数均有所提高，结实率均有所下降。但是，早、中、晚稻千粒重对氮肥的反应表现不同，早稻和中稻施氮后的千粒重有所下降，但差异未达显著水平；晚稻施氮后的千粒重则有显著提高。

而磷肥对不同季型水稻产量构成因子的影响是不同的。早稻磷肥施用后产量的增加主要归因于单位面积有效穗数的增加；中稻主要归因于单位面积有效穗数、每穗粒数的增加和结实率的提高；晚稻则主要归因于单位面积有效穗数的增加和结实率的提高。而李熙英等研究指出适当施磷有利于增加水稻的单位面积有效穗数、每穗粒数和结实率，但千粒重有下降的趋势，其结果与编者所在课题组研究结果有一定的出入。可见，针对单一试验或单一季型水稻开展的关于产量构成方面的研究，其结果缺乏一定的代表性,因为水稻生长期间的温度对产量构成具有很大影响,故而不同季节水稻产量构成因素对肥料的反应是不同的。

钾肥对水稻产量构成的影响在不同研究中结论不同。有研究认为施钾可以增加单位面积有效穗数和每穗粒数,提高结实率,而对千粒重无明显影响;有的则认为钾肥对以上产量构成因素均有显著影响。本研究中钾肥对早、中、晚稻产量构成因素的影响是不同的,分析原因可能与水稻生长期间环境温度不同有关,而温度又是影响水稻生长的一个重要因素。有学者指出,分蘖期气温低于17℃,水稻秧苗生长受到抑制,分蘖少,成穗率低;而抽穗期的低温又会导致结实率下降。湖北水稻分蘖期的温度表现为早稻<中稻<晚稻,幼穗分化期和抽穗期的温度则为晚稻<早稻<中稻。钾作为抗逆元素,可以在一定程度上减轻低温和高温对水稻生长产生的不利影响。编者认为,由于钾肥的施用缓解了低温条件下早稻分蘖成穗率低和晚稻结实率低的问题,故而早稻施钾主要提高了单位面积有效穗数,晚稻则主要提高了每穗粒数和结实率,即穗实粒数。

第二节　施肥现状

我国的水稻施肥技术在不断地改革和进步，由传统的农家肥施用到 20 世纪初开始使用化肥，再到现在测土配方施肥的推广，提高水稻单位面积产量，增加了农民的收入，在一定程度上减少了化肥的施用，保护了生态环境。水稻机械化水平不断提高，但缺少配套的施肥技术，水稻肥料养分配比不合理，施肥盲目性大等问题依然严峻。

一、肥料种类

传统的水稻种植中，基肥的肥料品种主要是复合肥、碳酸氢铵和过磷酸钙，其中以复合肥所占的比例较大；追肥的肥料品种以尿素和氯化钾为主。化肥品种单一，且有机肥的施用比例极低。近年来，缓/控释肥料发展迅速，其在水稻上的应用已成为水稻养分管理的研究重点。

二、肥料用量及利用率

养分管理是水稻栽培的重要环节，合理的

施肥是提高肥料利用效率、增加作物产量、降低资源浪费的有效途径。2009 年和 2010 年湖北省水稻施肥调查的氮、磷、钾平均用量分别为 184.0 千克/公顷、63.8 千克/公顷和 67.4 千克/公顷。早稻施氮、磷、钾肥的平均用量分别为 N 185.4～189.8 千克/公顷、P_2O_5 61.5～65.7 千克/公顷和 K_2O 56.4～62.6 千克/公顷；晚稻施氮、磷、钾肥的平均用量分别为 N 182.7～184.0 千克/公顷、P_2O_5 46.5～48.6 千克/公顷和 K_2O 69.4～87.4 千克/公顷；一季中稻施氮、磷、钾肥的平均用量分别为 N 177.6～184.4 千克/公顷、P_2O_5 62.8～65.6 千克/公顷和 K_2O 62.8～65.6 千克/公顷；早稻的氮肥施用量略高于晚稻和中稻，早稻和中稻的施磷量明显高于晚稻，但施钾量低于晚稻。

水稻氮肥施用量样本分布结果显示，施氮量超过 200 千克/公顷的农户比例以 2010 年中稻最多，达到 43.3%，而在 2009 年的比例仅为 28.8%；两年早、晚稻施氮量超过 200 千克/公顷的农户比例保持在 30.6%～34.9%。施氮量在 100～200 千克/公顷的农户比例以 2009 年中稻最多，达到 68.6%；两年早、晚稻施氮量在此范围内的农户比例保持在 62.2%～65.9%。

施氮量低于100千克/公顷的农户比例在两年早、晚、中稻上均低于5%，以2010年晚稻最低，仅为1.2%。磷肥的用量低于氮肥，不同水稻类型之间样本分布也有较大差异。中稻磷肥投入量大于100千克/公顷的农户比例最多，晚稻最少，2009年和2010年中稻分别达到26.4%和33.5%，晚稻分别为1.1%和10.5%；磷肥投入量在50～100千克/公顷的农户比例两年内由多到少依次均为中稻、早稻和晚稻；施磷量在低于50千克/公顷的农户比例则以晚稻最多，2009年晚稻达到62.4%，中稻最少，2009年中稻仅为19.0%。从钾肥用量样本分布结果可以看出，施钾量超过150千克/公顷的农户比例在不同年份不同类型水稻上均较小，以2009年晚稻所占比例最多，达到16.5%；施钾量在50～150千克/公顷的农户比例以中稻最多，2009年和2010年分别达到49.0%和63.8%；施钾量低于50千克/公顷的农户比例以早稻最多，2009年和2010年分别达到53.7%和61.0%。

张福锁等对全国水稻主产区的396个田间试验结果进行分析表明，我国水稻氮（N）、磷（P_2O_5）、钾（K_2O）施肥量分别为46～276千克/公顷、25～235千克/公顷、19～155千克/公顷，肥料利用率为 3.0％～82.7％、2.5％～59.3％和8.5％～71.2％。不同地区的肥料用量和利用率差异很大，氮肥利用率小于30％的样本占到总样本的60％以上；磷肥利用率平均只有13.1％；钾肥利用率则主要为29.0％～33.8％。中国氮肥消费量占世界氮肥总量的30％，水稻生产所消耗的氮肥占世界水稻氮肥总消耗量的37％。我国水稻生产氮肥施用量较生产水平相当的产稻国高30％～50％，肥料利用率仍处于较低水平。而施肥过量是引起一系列的环境污染问题重要的原因之一。

三、施肥方法

由于不同地区条件差异大，水稻的施肥方法也存在较大差异。差异主要表现在基肥、追肥的比重及追肥时期和数量配置上。在肥料三要素的施用时期上，通常将磷肥全作基肥或种肥；钾肥除质地较沙的土壤上提倡分次施用外，也主要以基肥或分蘖肥施用；氮肥的施用时期有较大的差异。

氮肥施用技术主要有以下几种：

（1）"一炮轰"施肥法 即将所有肥料于整

田时作基肥一次施下。

（2）"前促"施肥法 即在施足基肥的基础上，早施、重施分蘖肥。

（3）"前促、中控、后保"施肥法 即肥料的 70%～80% 集中施用于前期，于孕穗期酌施保花肥。

（4）"前稳、中攻、后补"施肥法 即减少前期肥料的投入，重施促花肥，看苗补施粒肥。

（5）氮肥实地管理（SSNM）技术 即根据不同地点土壤供肥能力与目标产量需要量的差值，决定总施肥量范围，在水稻主要生育期用叶绿素仪或叶色卡诊断水稻氮素营养状况，调整实际氮肥用量。

磷肥和钾肥主要采用恒量调控技术，即在满足水稻需求的前提下，同时使土壤养分含量在合理水平。秸秆还田土壤可减少钾肥的投入。中、微量元素因缺补缺矫正施肥，即通过土壤测试或田间试验确定一定区域内中、微量元素土壤缺乏程度，从而制定管理方案。现有的科学施肥技术，虽然提高了肥料利用率，改善了土壤养分状况，但也需要投入较多的劳动力。

当前的水稻生产面临的问题使得轻简化和机械化的栽培管理方式成为大规模水稻生产的唯一出路。水稻种植采用机械直播、机械插秧方式、机械收获的比重逐年加大，但施肥方式仍沿袭传统的表面撒施，分次施用。这种施肥方式不但在机械化种植的基础上增加了劳动力，而且表层施肥养分流失量大，根系吸收利用的养分有限，肥料利用率低，不利于农业的可持续发展。

第三节　应对水稻生产问题的施肥策略

传统的水稻施肥方法，采用基肥和1～2次追肥的施肥模式。这种方式的不足之处是：一是追肥多是撒施，撒后易随水流动，常造成肥料施用不匀的现象，且养分易随水流失，不仅严重降低了养分利用效率，还对环境水体构成严重污染；二是农户往往因各种原因，追肥不及时，迟追肥常使水稻后期肥料过量，造成贪青晚熟和病虫害的发生加重；三是施肥次数较多，虽能提高肥效，但施用成本增加，经济效益降低。近年来，我国在水稻施肥技术的研究与推广方面已经取得了一定的成就，建立了

"促前控中施肥法""稳前攻中施肥法""两攻一保（或多次匀施）施肥法""测土配方施肥法""氮素调控法""碳酸氢铵深施法"以及"无水层犁沟条施基肥"与"以水带氮的追肥深施"相结合的稻田氮肥的基、追肥的配套施用技术等，并已得到了大面积的推广应用，对发展我国的水稻生产，提高稻谷产量和肥料利用率等做出了重大贡献。但是，这些技术在操作上都是以基肥和追肥技术配套施用为特征，追肥又根据追肥目的和时期，分为蘖肥、穗肥和粒肥等。因此，这些施肥技术在操作上均过于繁琐、费工费时，农民不易掌握其技术要点。

近 20 多年来，随着我国社会主义市场经济体制的逐步建立和完善以及农村第二、三产业和乡镇企业的不断发展和壮大，农民就业向多元化方向发展，大量农村青壮年劳动人口进入城市，农村劳动力大幅度减少且严重老龄化。据统计，我国农村地区约有 1 500 万青壮年劳动力涌向城市，从事农业生产的多为年老体弱者，这导致农村劳动力数量、质量下降，劳动力价格提升，稻农收益大幅降低。传统水稻生产方式劳动强度大、作业成本高、费时费工、生产效率低，影响了农民种植水稻的积极性。在这种新的农村社会经济形势下，农业生产不仅要求高产优质，而且追求省工低耗易于操作。这使得能够减少劳动力用量与减轻劳动强度的简化水稻栽培技术成为现代稻作普遍关注的焦点和社会发展的迫切需求。基于这一客观要求，建立一种易于操作、省工省时的新型水稻施肥技术体系势在必行。

传统的分次施肥虽然被认为是较易获得高产的施肥方式，但是却增加了劳动力成本，不符合简化施肥的发展趋势。21世纪初，为减轻水稻施肥的劳动量，一批农技工作者率先提出了"水稻一次性全层施肥技术"，即将水稻所需的养分于插秧前一次性全部施下，并结合耕田耙田，使肥料分布于整个耕作层，以达到土肥相融的目的，后期则不再追施肥料。这项施肥技术减轻了农民劳动强度，减少了化肥用量，提高了化肥利用率和施肥效益，具有省工、省肥、增产的特点。但水稻一次性全层施肥法也要有针对性，对那些肥力水平较高、保水保肥能力较强的稻田可采用一次性施肥技术，而对于那些沙性重、肥力水平较低的漏水田等则不宜采用一次性施肥技术。同时，在"一次性施肥"后，也应注意水稻整个生长期的长势长相，一旦出现明显的缺肥或长势过旺现象，还应及时采取适当的肥水管理措施。

缓/控释肥料的问世有效地解决了一次性施肥技术应用的局限性。缓/控释肥料因其肥效长，养分释放速率与作物的需肥规律基本吻合，在一些作物上能实现全生育期一次性施肥，彻底简化了施肥技术，增强了劳动效率，提高了肥料养分利用率，并减轻了肥料流失造成的环境污染。缓/控释肥料因其溶解和释放速度缓慢，跟作物的养分吸收规律较一致，且氮素利用率可以达到 60%～70%，较传统肥料利用率提高 1 倍多，被称为施肥技术的一次革命。因此，它作为肥料科技创新的一个热点和抢占市场的技术制高点，已经成为学术界、政府和企业界的共识。许多研究表明，水稻的当季氮素利用效率平均为 30%～35%，大部分肥料通过径流、渗漏、挥发等形式损失掉，而缓/控释肥料则有效地控制了养分在土壤中的迁移速率及向空中挥发的速度。近年来，我国南方夏季暴雨频发，施用的普通肥料会随水大量流失，脱肥后不及时追肥则会造成严重减产，缓/控释肥因其养分释放缓慢可以有效地减少养分的径流损失，确保水稻的产量安全。目前，科研人员已经研发出了多种类型的缓/控释肥料产品，有包膜类控释肥、脲甲醛类缓释肥、硝化抑制剂类稳定肥等多种产品。

由于缓/控释肥料前期释放速率较慢，不能完全满足水稻前期的生长需要。因此，在水稻上一般不宜单独施用缓/控释肥料，以免前期供肥不足，后期贪青晚熟。有研究表明，缓/控释尿素与普通尿素搭配一次性施用，实现养分速效缓效相济，可使水稻增产 7.3%～15.7%，提高氮肥利用率 17.7%～25.5%。该技术有效解决了水稻施肥次数多、田间作业繁重等问题，实现了水稻只需一次施肥即可满足全生育期的营养需求的目标。

我国水稻生产机械化进程逐步加快，机器已开始取代部分人工，释放了大量劳动力。为了减少施肥作业环节，"一次性施肥技术"已经集成到了水稻插秧机上。目前，由我国自主研发的水稻插秧施肥联合作业机已经能够完成一次插秧、变量施肥等作业，水稻插秧时同步深施缓/控释肥料，将肥料定量均匀地施入到水稻根系密集部位并覆土盖平，可减少肥料的流失，更有利于水稻的根部吸收利用，提高利用率，从而达到节肥、省工、增产及减少污染的目的。

第三章
一次性施肥产品

水稻施肥一直是个复杂的问题，其原因有三：一是我国水稻种植区域大，南起海南岛，北至黑龙江，气候条件、土壤类型均相差很大；二是水稻分早稻、中稻、晚稻；三是品种繁多，营养特性各异，过去有籼稻、粳稻之分，近年来又有杂交稻、超级稻之别。水稻生产中常规施肥技术往往需要 1 次基肥、2～4 次追肥。由于施肥环节繁琐，农民不易掌握其技术要点，常存在肥料运筹不当、养分配比科学性较差等问题，导致养分流失严重，既污染了生态环境，又增加了生产成本，同时还引起早衰或贪青、倒伏等现象出现。为了适应这一趋势，农作过程必须简化，减少劳力投入，降低劳动强度，提高生产效率，实现生产技术轻型、高效。

众所周知，中国氮肥利用率很低，施用的氮肥有相当大的一部分流失了。过去，提高水稻肥料利用率的研究主要集中在氮肥用量、施肥方法、施肥时间和灌溉管理方面。然而，即使根据土壤特性、季节变化进行长期氮肥管理和合理灌溉，但由于灌溉或施肥后降雨的不可预测性，氮素径流和淋溶的控制仍然很困难。在南方单、双季稻区，幼穗分化期常常是高雨量的季节，追肥极为不便，劳动强度大，劳动成本高，加之高温多雨的天气，致使追施肥料通过反硝化、淋溶、挥发和径流损失，对环境产生压力。因此，研制或筛选出一种养分利用率高，一次性施肥就能满足水稻整个生育期对养分的需求且不再追肥的肥料就成为了解决以上问题的关键。

缓/控释肥料和长效肥料（含稳定性肥料和脲醛肥料）具有养分利用率高、肥效期长、节肥省工、环境友好等突出特征，在减少化肥用量、减轻养分流失污染等方面为人们提供了极有利的解决途径，因此成了一次性施肥产品的最佳选择。

尽管我国缓/控释肥料类型多样，品种繁多，但面临的第一大问题就是产品问题。首先，缓/控释肥料的控释效果良莠不齐；其次是养分释放曲线、作物需求曲线、土壤的养分供应曲线难以与作物需求吻合；最后，成本较高，粮食作物难以接受，并存在一定的环境风险。因此，研发或筛选具有匹配性好、成本低、无环境风险的缓/控释肥料是水稻一次性施肥产品研发与筛选的主攻方向。

第一节　缓/控释肥料的定义

缓/控释肥料（Slow and controlled release fertilizers，简称 SRFs 和 CRFs）作为肥料行业中新型肥料的重要研究方向得到了快速发展，但目前国际上尚没有统一的定义和标准，两词常常联用，以 SRF/CRF 或 S/CRF 表示。目前，我国也常以缓控释肥料、缓/控释肥料、缓释/控释肥料等来表示。现将有关机构对缓/控释肥料的表述方法介绍如下。

一、联合国工业发展组织

联合国工业发展组织（UNIDO）委托国际肥料发展中心（IF-DC）编写的 1998 年出版的《肥料手册》列出了缓释肥料、控释肥料定义为：

缓释肥料（Slow-Release Fertilizers，SRFs）：一种肥料所含的养分是以化合的或以某种物理状态存在，以使其养分对植物的有效性延长（国际标准化组织 ISO 的定义）。

控释肥料（Controlled-Release Fertilizers，CRFs）：肥料中的一种或多种养分在土壤溶液中具有微溶性，以使它们在作物整个生长期均有效，理想的这种肥料应该是养分释放速率与作物对养分的需求完全一致。微溶性可以是肥料的本身特性或通过包膜（Coating）可溶性粒子而获得。

二、国际肥料工业协会

国际肥料工业协会（IFA）对缓/控释肥料的定义为：

（1）缓/控释肥料是那些所含养分形式在施肥后能缓慢被作物吸收与利用的肥料。

（2）所含养分比速效肥（例如：尿素、硝酸铵、磷酸铵、氯化钾）有更长肥效的肥料。按照制作过程将缓/控释肥料分成两大类：一类是尿素和醛类的综合物，这类被称为缓效或缓释肥料（Slow-Release Fertilizers，SRFs）；另一类是包膜肥料（Coated or encapsulated Fertilizers），被称为控释肥料（Controlled-Release Fertilizers，CRFs）。

三、美国植物养分管理署和国际肥料工业协会

美国植物养分管理署（AAPFCO）和国际肥料工业协会（IFA）将尿素与醛类化合物的缩合产物称为缓释肥料，包被或包囊肥料称为控释肥料，而将添有抑制剂的肥料称为稳定性肥料。

四、国际一般学者

国际上一般学者常把能被微生物分解的微溶性的含氮化合物（如脲甲醛等）称为缓释肥料，将包膜或用胶囊包裹的肥料称为控释肥料。

五、我国标准

我国缓/控释肥料的概念有广义与狭义之分。广义的缓/控释肥料是以各种调控机制使其养分最初释放延缓，延长植物对其有效养分吸收利用的有效期，使其养分按照设定的释放率和释放期缓慢或控制释放的肥料（HG/T 3931—2007）。在养分上，可按作物所需养分进行配方设计；在供肥上，可按作物不同生育期要求控制肥料养分释放；在施肥上，可一次基

施，不用追施；在效益上，可提高肥料利用率，省工节肥。狭义上对缓释肥料和控释肥料又有其各自不同的定义。缓释肥料（SRFs）又称长效肥料，是通过养分的化学复合或物理作用，使其对作物的有效态养分随着时间而缓慢释放的化学肥料（GB/T 23348—2009）。主要指施入土壤后转变为植物有效养分的速度比普通肥料缓慢的肥料，其释放速率、方式和持续时间不能很好地控制，受施肥方式和环境条件的影响较大。缓释肥料的高级形式为控释肥料（CRFs），是指能按照设定的释放率（%）和释放期（天）来控制养分释放的肥料（HG/T 4215—2011）。

控释肥料发展的终极目标是使肥料在土壤中的养分释放、土壤对作物的养分供应与作物各生育期对养分的吸收相同步。通过对不同类型缓/控释肥料养分释放特性的分析表明，相比于其他类型的缓/控释肥料，聚合物包膜控释肥料对养分具有更好的控制性能，通过对高分子材料的组成设计，最有可能实现养分的释放速率与作物吸收规律相匹配，因此高分子包膜控释肥料逐渐成为控释肥料发展的主要方向。

第二节　缓/控释肥料的分类

由于缓/控释肥料的加工方式、缓释材料及养分释放原理不同，缓/控释肥料种类繁多，各种有关文献的分类也不尽相同。

Fan 和 Singh 根据养分释放控制方式，将缓/控释肥料分为扩散型、侵蚀型、膨胀型、渗透型 4 类。

Shaviv 将缓/控释肥料按其溶解性的方式划分为 4 类：①物理因素控制的水溶性肥料，如包膜材料、基质等；②微溶的无机物质，如金属磷酸铵；③化学或生物降解微溶有机物质，如脲酸缩合物，主要是有机含氮化合物；④在土壤中逐渐分解的物质，如烷基化尿素，主要是尿素衍生物。2000 年开始，又分为 3 类：①微溶有机化合物，可进一步分为生物降解化合物和化学降解化合物；②物理阻隔控制释放类，主要是由疏水类聚合物包裹肥料颗粒，可进一步分为有机包膜肥料和无机包膜肥料；③微溶无机化合物，典型代表如金属磷酸铵、部分酸化的磷酸盐。

武志杰等根据缓/控释原理，将其分为 4 类：

①生物化学方法类，如添加脲酶抑制剂；②物理方法类，如包膜肥、添层肥、基质型肥料；③化学方法类，如脲醛类；④生物化学—物理包膜相结合类，主要是添加抑制剂与物理包膜相结合的方法。

于立芝等按其缓/控释作用与生产方法分为3大类型：①生物化学方法类，主要是添加脲酶抑制剂和硝化抑制剂的缓/控释肥料。②物理方法类，是通过物理包被法和整体分散法处理而得的肥料。物理包被法是在易溶性肥料颗粒表面包一层或多层渗透扩散阻滞层，减缓或控制肥料养分溶出速率，如包硫尿素。③化学合成方法，是将肥料直接或间接通过共价或离子键连接到预先形成的聚合物上，构成一种新型组合物。

胡树文按照缓/控释肥料包膜材料、制备原理和工艺的不同主要分成化学合成有机氮、稳定性肥料和包膜（裹）肥料三大类。张民等将国内外缓/控释肥新产品分为包膜型控释肥新产品、化成型脲醛类缓释肥新产品和掺混型作物专用缓/控释肥产品。综上所述，可以将缓/控释肥料分为化学合成有机氮、稳定性肥料、包膜（裹）肥料和缓/控释掺混肥四大类，详细分类见图 3-1。

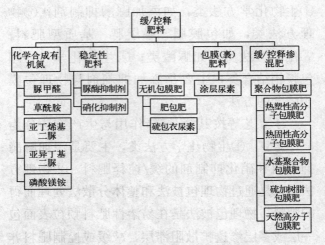

图 3-1 缓/控释肥料的主要类型

一、化学合成有机氮

化学合成缓释肥料的原理是将肥料元素直接或间接通过共价或者离子键连接到预先形成的聚合物上，形成新的含氮（磷、钾）化合物。其所含养分的释放速率取决于聚合物共价键的性质、化学结构、物理溶解性质、环境降解能力等方面。此类肥料主要是由尿素和醛类在一定条件下反应制得的有机微溶性氮缓释肥料（HG/T 4137—2010）。目前市场上已售的脲醛缓释肥料包括脲甲醛（UF）、脲乙醛（CDU）、亚异丁基二脲（IBDU）、磷酸镁铵（MgAMPA）和草酰胺等。脲甲醛是其中应用最广泛的缓释肥料之一，而脲乙醛、亚异丁基二脲由于生产成本过高而受到限制，磷酸镁铵和草酰胺应用范围较小。目前此类缓/控释肥料主要应用于专业草坪、苗圃、温室作物及景观园艺花卉等附加值较高的经济作物上。

（一）脲甲醛（Urea formaldehyde，UF）

脲甲醛（UF）缓释肥料，是在一定的条件下（pH、温度、摩尔比、反应时间等）由甲醛与过量的尿素反应形成的一种白色、无味的粉状或颗粒状固体，在通常条件下易保存、不吸湿，工业产品有粉状、片状和粒状。其主要成分为不同链长的甲基脲聚合物（聚甲基脲），含脲分子 $2\sim6$ 个，含氮 $37\%\sim40\%$，其通式为 $NH_2CO(NHCH_2NHCO)_nNH_2$，式中 n 为 $1\sim8$。由于脲甲醛肥料是不同聚合程度的亚甲基脲的混合物，而具有不同的水溶性，即不同的缓释性和肥效期，能满足不同作物的需要，由于较低的溶解性而不会烧苗也不会影响发芽。

脲甲醛作为缓释肥的先驱，评价体系发展较为成熟，现在国际上采用一种标准的化学分析方法，通过评价脲甲醛在冷水、热水中的溶解度来表征它的释放时间。具体以总氮（Total Nitrogen）、未反应的尿素（urea free or unreacted urea）、冷水溶解氮（CWSN）、冷水不溶氮（CWIN）、热水溶解氮（HWSN）、热水不溶氮（HWIN）和冷水不溶而热水能溶性氮（WIN-HWIN）及 AI 表示（图 3-2）。

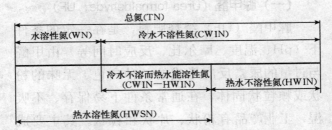

图 3-2 脲甲醛（UF）不同水溶性氮的关系

冷水溶解氮（CWSN）和冷水不溶（CWIN）是在 25 ℃溶解或不溶解的氮数量。

热水溶解氮（HWSN）和热水不溶氮（HWIN）是在 100 ℃溶解或不溶解氮的数量。

活度指数（Activity Index, AI）是表征脲甲醛氮素有效性的一个指标，具体如下：

$$AI = \frac{CWIN - HWIN}{CWIN} \times 100\%$$

AI＞60%，释放时间 2～4 个月；30%＜

AI<60%，释放时间 6～8 个月；AI<30%，释放时间 12 个月以上。一般 AI 以 50%～60%（40%～70%）较适宜，保证氮素既有一定的缓释性能，又在条件（如温度）改变时能有较多的氮溶出。

脲甲醛（UF）中水不溶部分，其氮素释放是通过微生物的降解而进行的。因此，土壤的湿度、温度、pH、养分含量以及影响微生物活性的其他条件都将直接影响到氮的释放速率和效果。脲甲醛肥料如果没有被土壤微生物及时转化为矿化氮，就会留在土壤表面，但是脲甲醛肥料微溶于水，所以也不容易淋失，在土壤中会形成贮备氮，随着时间的推移能够被植物再次利用。另外在很多情况下，低分子量脲醛部分提供的尿素在作物生长前期超过了作物所需要的量，然而高分子量部分提供尿素又太慢。这可能是在缓/控释肥料中，有机氮化合物缓/控释肥的需求量在世界范围内不断降低，而同时包膜肥料的量却稳步增加的主要原因。

此类肥料可以单独使用，主要用于生长季长、产值高的经济作物或草坪、园林绿化等方面；除了单独使用外，大多数是配制成各种高氮有机肥、长效复合肥，应用于各种作物，达到一次施肥，满足作物整个生长周期所需养分，降低施肥成本，提高肥料利用率，改良土壤，增产增收的目的。

(二)亚异丁基二脲(IBDU)

亚异丁基二脲又称异丁叉二脲，总含氮量32.18%，是异丁醛(液体)和尿素缩合反应得到的一种固体白色粉末或颗粒状(粒度小于0.7毫米)单一低聚物，分子式为$C_6H_{12}N_4O_2$，相对分子质量为174.20。

亚异丁基二脲氮的释放速度是颗粒大小(主要影响因子：颗粒越细氮释放的速度越快)、温度、湿度和pH的函数。其溶解度低(仅为尿素的千分之一)，盐指数更是所有化学肥料中最低的，不会灼伤植物。

亚异丁基二脲具有生产原料廉价易得、无残毒的特点，是稻田良好的氮源，其肥效相当于等氮量水溶性氮肥的104%～125%，可与尿素、氯化钾、磷酸氢二铵等化肥混合施用，是一种有发展前途的缓/控释肥料。在国外，亚异丁基二脲被公认为最环保的化学缓/控释肥料，在草坪种植护理、苗圃花卉种植、园林绿化及植树造林方面已形成一套公认的施肥及管理办法。对于荒山及沙漠植树造林，可直接将产品制成块片，在植树时放入树苗根部，肥效可达 3 年之久。除用作肥料外，亚异丁基二脲还是十分优良的安全饲料添加剂，它可促进反刍动物非蛋白氮的生成，其安全性优于尿素和缩二脲，有较好的市场前景。然而，有时也发现亚异丁基二脲在温室中施用量较大时对作物有毒害作用。

（三）脲乙醛（CDU）

脲乙醛又称亚丁烯基二脲或丁烯叉二脲，全氮含量 31%，尿素态氮小于 3%，是由尿素和醋酸乙醛经过酸催化反应形成的产物。该产品为淡黄色或白色粉状，粒径 0.8～2.5 厘米，熔点为 250～252 ℃，有良好的热稳定性；不易吸湿，长期贮存不结块，在水中溶解度很小；但在酸溶液中，随着温度的升高，溶解度迅速增加。

当其溶解于水中会逐渐分解为尿素和巴豆醛，与 IBDU 相似，脲乙醛颗粒大小对氮素释放的速度影响很大（颗粒越大，释放越慢）。脲乙醛在土壤中的分解同时包括水解和微生物作用，温度、湿度和微生物活性影响释放速度，即使在酸性土壤中脲乙醛的降解也像亚异丁基二脲的降解一样较缓慢。

脲乙醛在土壤中的溶解度与土壤温度和 pH 有关，随着温度升高和酸度的增大其溶解度增大。脲乙醛适用于酸性土壤，施入土壤后，分解为尿素和 β-羟基丁醛，尿素经水解或直接被植物吸收利用，而 β-羟基丁醛则分解为二氧化碳和水，无毒素残留。

脲乙醛可作基肥一次施用。当土壤温度为 20℃时，脲乙醛施入土壤 70 天后有比较稳定的有效氮释放率，因此，施于牧草或观赏草坪比较好。如果用于速生型作物，则应配合速效氮肥施用。在日本和欧洲，脲乙醛主要应用于草皮和特产农业中，典型的应用是配入到氮、磷、钾颗粒肥料中。

(四) 其他有机氮化合物

1. 草酰胺 又称草酸二酰胺（oxalic acid diamid）、乙二酰胺（ethanediamide）。草酰胺分子式为 $(CONH_2)_2$，相对分子质量为 88.07。白色有三斜针状结晶，无气味，难溶于水、醇和醚。350℃（另有文献熔点 491℃）下分解，相对密度 1.667。草酰胺肥料外观为白色粉状固体，无毒，不易吸收，在水中的溶解度约为 0.4 克/升，在普通条件下容易保存。草酰胺含氮为 31.8%，在水解或生物分解中释放氮的形态可供作物吸收。

土壤中的微生物影响其水解速度，草酰胺的粒度对水解速度有明显影响，粒度越小，溶解越快，研成粉末状的草酰胺就如同速效肥料。草酰胺肥料施入土壤后可直接水解为草胺酸和草酸，并释放出氢氧化铵。草酰胺对玉米的肥效与硝酸铵相似，呈粒状时则释放减慢，但优于脲醛肥料。

2. 脒基脲　由氰胺化钙（石灰氮）制得双氰胺，再与硫酸或磷酸反应，加热分解可分别制得：脒基硫脲（GUS），含氮 33%，含硫 9.5%，在水中溶解度每 100 克水为 5.5 克；脒基磷脲（GUP），含氮 28%，含五氧化二磷 35%，在水中溶解度每 100 克水为 4 克。它们的溶解度虽大，但是容易被土壤吸附，可发挥缓释效果。

二、稳定性肥料

稳定性肥料（Stabilized fertilizer）经过一定工艺加入脲酶抑制剂和（或）硝化抑制剂，施入土壤后能通过脲酶抑制剂抑制尿素的水解和（或）通过硝化抑制剂抑制铵态氮的硝化，使肥效期得到延长的一类含氮肥料（包括含氮的二元或三元肥料和单质肥料)。

1. 脲酶抑制剂（Urease inhibitor）　脲酶抑制剂是指在一段时间内通过抑制土壤脲酶的活性，从而减缓尿素水解的一类物质。据国内外资料报道，脲酶抑制剂的作用机理有 5 个方面。

（1）脲酶抑制剂堵塞了土壤脲酶对尿素水解的活性位置，如重金属化合物和醌类物质，均可作用于脲酶蛋白中对酶促有重要作用的巯基，使脲酶的活性降低。

（2）脲酶抑制剂本身是还原剂，可以改变土壤中微生态环境的氧化还原条件，降低土壤脲酶的活性。

（3）疏水性物质作为脲酶抑制剂，可以降低尿素的水溶性，减慢尿素水解速率。

（4）抗代谢物质类脲酶抑制剂打乱了能产生脲酶的微生物的代谢途径，使合成脲酶的途径受阻，降低了脲酶在土壤中分布的密度，从而使尿素的分解速度降低。

（5）脲酶抑制剂本身是一些与尿素物理性质相似的化合物，如磷酰胺类化合物，它们在土壤中与尿素分子一起同步移动，保护尿素分子，使尿素分子免遭脲酶催化分解。在施用尿素的同时施加一定量的脲酶抑制剂，使脲酶活性受到一定限制，尿素分解速度变慢，就能减少尿素无效降解。但是不能将土壤脲酶全部杀灭，应保持其一定的活性，否则，会影响土壤对植物的供氮。

影响脲酶活性的因素包括土壤 pH、水分状况、通气条件、有机物质数量以及尿素的浓度等。脲酶抑制剂的效果在很大程度上与那些对脲酶活性有影响的因素有关。脲酶抑制剂在抑制尿素水解，减少氨气挥发损失，提高氮肥利用率中的作用已经被大量的实验证明。但是脲酶抑制剂对地下水方面的作用还存在争议，因为它控制了氨的挥发而增加了参与硝化的氮量，因而增加淋失进入地下水的氮量，进而污染环境。

现今常见的脲酶抑制剂主要有无机物和有机物两大类。无机物主要是分子量大于 50 的重金属化合物，如 Cu、Co、Ag、Ni 等元素的不同价态离子；有机化合物包括对氨基苯磺酸、酚类、醌及取代醌类、杂环类、磷酰胺类化合物及其转化物等。

最常用的脲酶抑制剂的种类主要有 NBPT、PPD、HQ：

（1）NBPT（N-丁基硫代磷酰三胺）是一

种较弱的植物或微生物脲酶抑制剂，而其在土壤中衍生的 NBPTO 则为一种有潜力的脲酶抑制剂。在非酸性土壤、通气性良好的条件下，NB-PT 对脲酶水解的抑制作用较强，且对氨挥发的抑制作用也较好。它是一种有潜力的脲酶抑制剂，易于分解形成酚，而酚是一种较弱的脲酶抑制剂。它一般在高的 pH、酸滴定度和有机质含量不同的土壤上使用时对氨挥发损失抑制最为有效。

（2）HQ（氢醌）对氨的挥发抑制作用最小，这可能与其对硝化作用的抑制有关，而与土壤环境因素无关。氢醌的作用不仅在于延缓尿素的水解和减少随之而来的氨挥发，更重要的是影响了尿素水解产物进一步转化的过程。

（3）PPD（苯基磷酰二胺）能显著降低氨挥发的损失，而在减少尿素氮的总损失方面，效果并不总是显著。它的有益作用在于它使尿素对作物的持续供应和减少氮的总损失。

抑制剂的有效性还与其使用量有关，用量低时可能对表施尿素的氨挥发损失或施用尿素释放的氨的伤苗现象抑制较差，然而使用高剂量的抑制剂可能使其经济效益降低。有效用量必须根据特定的土壤环境条件来确定，并依据农作措施、作物对尿素肥料的反应以及所用的抑制种类进行调整。

2. 硝化抑制剂（Nitrification inhibitor） 硝化抑制剂是指在一段时间内通过抑制亚硝化单胞菌属活性，从而减缓铵态氮向硝态氮转化的一类物质（HG/T 4135—2010）。许多硝化抑制剂对铵氧化细菌产生毒性导致 NH_4^+ 氧化为 NO_2^- 过程被抑制；有的可抑制亚硝酸氧化细菌的活动，即抑制硝化反应过程中 NO_2^- 氧化为 NO_3^- 这一步；有的硝化抑制剂不仅可以抑制土壤的硝化反应过程，而且还可以抑制土壤的反硝化反应过程。硝化反应过程被硝化抑制剂抑制后氮肥将长时间地以 NH_4^+ 的形式保持在土壤中，避免高浓度 NO_2^- 和 NO_3^- 的出现，达到减少 NO_2^- 和 NO_3^- 的淋溶损失以及减少 N_2O 释放的目的。土壤质地和有机质含量、土壤温度、土壤 pH、土壤水分、农田管理及抑制剂的施用时间和方法都是影响硝化抑制剂发挥作用效果的因素。

不同硝化抑制剂的作用机理不尽相同。通常情况下，一般的抑制剂是通过释放毒性化合物，直接影响硝化细菌和硝化活性来抑制土壤的硝化作用。但是不同的菌株对不同的抑制剂甚至同一种抑制剂反应程度不同。通常可能通过以下几种途径发挥其作用：

（1）直接抑制亚硝化细菌的活性。

（2）通过直接影响亚硝化细菌呼吸作用（电子传递链）和细胞色素氧化酶的活性，使亚硝化细菌无法进行正常呼吸，从而抑制了亚硝化细菌的生长繁殖。双氰胺（DCD）就是通过分子中的氰基和亚硝化细菌呼吸酶中的巯基作用而发挥其抑制效果。

（3）施入抑制剂以后，通过改变土壤微环境，降低土壤 pH，抑制亚硝化细菌的生长繁殖。

（4）抑制剂中的金属离子通过螯合氨氧化酶活性位点，抑制硝化反应的发生。

（5）土壤微生物可以把一小部分的化合物作为碳源，通过影响土壤氮的矿化和固持过程，或通过影响土壤有机质的矿化和固持作用，对硝化过程产生抑制作用。

最常用的硝化抑制剂的种类有：乙炔、双氰胺和 2-氯-6-（三氯甲基）吡啶。

（1）C_2H_2（乙炔）是一种气体，低浓度的 C_2H_2 即可抑制 N_2O 还原为 N_2，使乙炔抑制技术成为研究反硝化作用比较简单、有效的方法。它广泛地应用于实验室培养试验和田间试验。乙炔作为一种硝化抑制剂，也有其缺点：因其是一种气体，很难长时间在土壤中保持足够大的浓度抑制硝化作用。使用包被碳化钙可以解决这个问题，C_2H_2 能够缓慢地从中释放出来。

（2）DCD（双氰胺）抑制土壤硝化过程的第一步反应、NH_4^+ 氧化为 NO_2^-。它可以与多种氮肥一起施用，包括尿素、铵盐、氮肥水溶液、动物厩肥和无水氨肥等。它与各种氮肥应用的硝化抑制效果为：甲醛尿素＞尿素＞氯化铵＞硫酸铵＞硝酸铵＞硫酸铵＋有机质。除了它的硝化抑制特性外，双氰胺还可以作为一种缓慢释放的肥料，在土壤中最终被分解为 CO_2 和 NH_4^+，对土壤没有什么不利影响。

（3）DMPP（3,4-二甲基吡唑磷酸盐）是一种新型的、高效的、受欢迎的生化调控剂（硝化抑制剂），在提高氮肥利用率和减少环境污染方面的作用非常明显。DMPP 与其他硝化抑制剂相比较具有用量小、迁移性小、不易淋失、抑制作用持续时间长、不会产生危害作物的激素效应、在植物体中残留量极小等特点。此外，硝化抑制剂还有 2-氯-6-

（三氯甲基）吡啶、3,5-二甲基吡唑磷酸盐等。

三、包膜（裹）肥料

此类肥料是传统的含有速效养分的可溶性肥料，在形成颗粒状或结晶后，使之被覆一层保护性（非水溶性）物质来控制水的渗入，从而控制溶解的速度和养分释放，其典型特征为肥料由肥料核心与包膜层两部分构成。当前普遍应用于生产包膜控释肥料的包膜材料有：①硫黄；②聚合物，如聚二氯乙烯为基础的共聚物、聚烯烃、聚氨酯、脲甲醛树脂、聚乙烯、聚酯、醇酸树脂等；③脂肪酸盐，如硬脂酸钙；④乳胶、橡胶、爪草豆树脂胶，来自于石油的衍生的抗胶凝剂，蜡；⑤钙和镁的磷酸盐、镁的氧化物、镁—氨的磷酸盐、镁—钾的磷酸盐；⑥磷石膏、磷矿粉、凹凸棒土（attapulgite）；⑦泥炭（用泥炭团包囊有机无机肥料、有机肥料、OMF）；⑧楝树胶饼及楝树胶提取物的肥料。

根据采用的包膜材料不同，包膜肥料又可以分为无机包膜肥和聚合物包膜肥。无机包膜肥中典型的代表品种分别为硫包衣尿素以及采用钙镁磷肥包裹尿素形成的肥包肥。根据包膜工艺的不同，聚合物包膜肥又可以分为原位聚合型、有机溶剂型、水基聚合物型、天然高分子材料型等类型。

由于无机材料控释性能较差，聚合物有强烈的隔水作用，聚合物包膜肥料的养分释放机制主要是扩散作用，其供肥模式和供给速率可以与植物需肥规律相匹配，因此聚合物包膜肥料被称为真正意义上的控释肥料，是现在研究的重点和热点方向。

（一）无机包膜肥料

1. 硫包衣尿素 硫包衣尿素（Sulfur coated urea，SCU）由硫黄包裹颗粒尿素制成的一种包衣缓/控释肥料（GB 29401—2012；ISO 17323：2015）。硫是中量营养元素，在 156 ℃时可以熔化，可以喷涂于尿素颗粒以及其他肥料颗粒表面作为包膜，产品含 N 31%～38%。尿素包膜后，用密封剂（蜡）喷涂封住包膜上的裂缝，以减少硫包膜的生物降解，最后是第三个涂层（通常是硅镁土）作为调节剂。典型的硫包膜尿素有 3 种类型的膜：①破损的、含有裂隙的膜；②损坏的膜含有被蜡封的裂隙；③厚和完整未损的膜。硫包膜尿素对土壤水分含量、干湿交替、生物活动和运输及施用过程中对膜的磨损都非常敏感，所以这种产品只能被看作是缓释肥而不是控释肥。

硫包衣尿素不仅大幅度降低了包膜控释肥的造价，同时也将硫这一作物必需的营养元素随之施入土壤，被认为具有广阔的市场前景和发展空间，目前已经成为控释肥研究中的热点。但是硫包膜尿素的硫包膜所占的比例比较大，一般占成品重量的 15%～30%。这种膜材料以硫黄为主，主要成分为元素硫，而硫是一种相对比较活跃的化学元素。大量硫黄成分施入土壤，不仅影响土壤的酸碱平衡、氧化还原平衡，也影响着土壤微生物及土壤动物的活动，也会造成土壤元素有效性等方面的变化。如果对此不做深入地探讨就盲目推广硫包膜尿素，必然是违反可持续发展理念，也将会造成不应有的损失。

有关硫黄农用的利弊分析大致有以下几个方面：

有利方面：①为作物提供必要硫素营养；②补充土壤硫素，改善土壤缺硫状况；③利于土壤奢硫菌属的富集，改善土壤微生物状况；④活化土壤微量元素；⑤提高土壤其他营养元素的有效性；⑥可酸化土壤，尤其在石灰性土壤上应用能有效降低硫黄周围土壤的 pH；⑦改变土壤原有的氧化还原状况，尤其在水稻土壤中应用有利于水稻根系的发育。

不利方面：①过量硫会造成植物的硫素毒害；②会活化土壤中铅、镉等有害元素，造成有害元素在植物体中富集，从而危害以此为食的动物和人类；③施硫加剧钙、镁等阳离子的淋溶，既会造成这些元素的缺乏，也会降低地下水体的质量；④尽管施硫能活化土壤微量元素，但会加剧这些元素土壤容量的降低，如不及时补充，将会加剧下季作物的缺素表现；⑤破坏土壤原有的酸碱平衡，造成不同程度的土壤酸化，这可能有益于某些元素的活化，但也会降低磷等元素的有效性，并且破坏了土壤原有的稳定性；⑥改变土壤原有的氧化还原状况，尤其在还原状况下会降低土壤铜、锌、铁等的有效性；⑦造成地表水体中硫酸根离子含量的升高，影响地表水体质量。

与尿素相比采用硫包膜尿素的有利方面主要包括以下几点：①降低施氮造成的氨气挥发，尤其在石灰性土壤及 pH 较高的稻田中这种作用会更加显著；②降低施氮造成的氮氧化物的释放；③降低施氮造成氮素淋溶，从而降低对地下水质量的影响；④降低施氮造成氮素流失，可以减缓地表水体的富营养化；⑤减少植物对氮的奢侈吸收，从而改善农产品品质，有利于人体健康；⑥降低施氮造成的土壤酸化；⑦提高氮素利用率，从而减少资源浪费，更有利于农业的可持续发展。

2. 包裹肥料 包裹肥料是包裹型复合肥料的简称。据中国包裹型肥料制造联合体技术资料定义：包裹型复合肥料是一种或多种植物营养物质包裹另一种植物营养物质，而形成的植物营养复合体。虽然符合此定义的肥料早已发明（如美国的包硫尿素），但是包裹肥料这一术语是原郑州工学院磷肥研究室（现郑州工业大学磷肥与复肥研究所）许秀成、樊继轩、王光龙在一项发明专利《包裹肥料及其制造法》中首次提出。该专利于 1985 年 4 月 1 日申请，1987 年 12 月 17 日授权，专利号 85101008.3。该研究所目前已开发了 3 种类型的包裹型复合肥料，即：①以钙镁磷肥为包裹层的第一类产品，该制造工艺 1991 年被国家专利局授予中国专利优秀奖；②以部分酸化磷矿为包裹层的第二类产品，制造工艺 1999 年被国家知识产权局授予中国专利金奖；③以二价金属磷酸铵钾盐为包裹层的第三类产品，经国家石油化工局组织专家评定，其工艺为国际首创，其产品在制造成本低及无污染方面达到国际先进水平。第一类产品氮肥具有适度缓效性，第二类产品为缓释磷肥，第三类产品为缓释/控制释放肥料。它们均获有效专利保护。以这些专利为支撑，在中国注册了"乐喜施®""Luxecote®"，在美国注册了"Luxacote®"，在新加坡注册了"Luxuriance®"等商标，并销售相关的缓/控释肥料产品。

（二）涂层尿素

涂层尿素是尿素在造粒过程中，用输液泵将涂层液气动喷雾成雾化状，与造粒塔落下的尿素颗粒逆流接触，均匀地分布于尿素颗粒的外表面，并快速部分渗入尿素颗粒内部，借助反应亲热，完成整个涂层，从而在肥料颗粒表面涂覆一层改善肥料物理性质或肥料功效的某些物质。尿素涂层包膜后物理性质发生了变化，除颗粒大小与涂层前基本一致外，因其外层包膜的阻隔作用，使肥料颗粒间的亲和力变小，可长时间保持原有的粒状结构。也正是由于外层包膜具有的渗透作用，使得尿素养分释放变得迟缓，当其被施入土壤后不仅能够更好地满足作物的需求，也能够有效地减少养分的淋溶、挥发、反硝化数量，提高氮素利用率，减轻环境污染。

我国目前用于涂层的涂液大多以有机和无机物质为原料，并添加少量 B（硼）、Zn（锌）、Mn（锰）、Mg（镁）、Fe（铁）等营养元素，使用特定工艺制成；该涂层溶液可以均匀地涂于尿素颗粒表面，并易于干燥固化成膜，涂层溶液仅占产品重量的 0.2%～0.3%。这种涂层尿素加工简单方便，甚至可以用手工涂制而成，因此，具有良好的开发推广前景。

（三）聚合物包膜肥料

聚合物包膜肥料（Polymer coated fertilizer，PCF）又称有机高分子包膜肥料，是指用带有微孔的聚合物半透膜或不透膜包裹肥料核心，延缓和控制肥料成分释放的新型肥料。根据包膜工艺过程中溶剂使用情况的不同，聚合物包膜肥料可以分为原位聚合物包膜肥、有机溶剂型包膜肥、水基聚合型包膜肥和天然高分子包膜肥。其中，原位聚合型包膜肥生产过程不采用有机溶剂。典型包膜材料为醇酸树脂、聚氨酯等；有机溶剂型包膜肥以甲苯、四氯乙烯等有机溶剂溶解高分子材料，采用溶剂挥发相转化成膜的原理，典型包膜材料为聚乙烯、聚丙烯、聚丙烯酸酯、聚醋酸乙烯酯等；水基聚合物型包膜肥生产过程以水为溶剂，典型包膜材料为丙烯酸酯、偏二氯乙烯、天然及改性乳胶等；天然高分子包膜肥以纤维素、淀粉、壳聚糖等几大类天然高分子为包膜材料，来源广，环境友好，逐渐受到研究者的重视。

用于肥料包膜的聚合物的共同特点是必须具有良好的黏结性、成膜性。目前已用过的主要有：沥青、石蜡、聚酰胺、脲醛树脂、醇酸树脂、环氧树脂、聚丙烯酸、聚氨基甲酸酯、有机硅聚合物、淀粉及其衍生物、纤维素及其衍生物、橡胶及一些共聚物、聚烯烃类树脂及其衍生物等。它们对肥料的控释作用除与本身的性质有关外，还与所使用的溶剂、致孔剂、增塑剂、表面活性剂及其用量和工艺条件等多种因素有关。

根据包膜材料和包膜工艺的不同，聚合物包膜肥料又分为热塑性高分子包膜肥料、热固性高分子包膜肥料、水基聚合物包膜肥料、硫加树脂包膜肥料和天然高分子包膜肥料。

1. 热塑性高分子包膜肥料　热塑性高分子包膜肥料是指将热塑性高分子包膜材料（如聚

烯烃）溶解于氯化烃中，在流化床反应器中喷涂在肥料颗粒上生产的包膜肥料。热塑性高分子包膜材料是指在一定的温度条件下，材料能软化或熔融成任意形状，冷却后固化形状不变，且这种状态可多次反复而始终具有可塑性的高分子材料。热塑性高分子材料的这种反复变化是一种物理变化。聚乙烯、聚丙烯、聚氯乙烯、聚苯乙烯、聚甲醛、聚碳酸酯、聚酰胺、丙烯酸类、其他聚烯烃及其共聚物、聚砜、聚苯醚、氯化聚醚等都是热塑性材料。

养分释放可通过将透水性差的聚乙烯与透水性较强的树脂（如 EVA）加以混合来控制，也可在膜中加入一种矿物粉来改进由温度控制的养分释放。通过改变聚乙烯和 EVA 的比例或改变添加矿物质粉末百分率，可提供很好的养分控制释放率和释放曲线的控释肥料。

热塑性高分子包膜肥主要代表是日本窒素—旭化成肥料公司（Chisso Asahi Fertilizer Co.，Ltd）发明的 Nutricote ® 包膜控释肥；国内主要有北京市农林科学院、北京化工学院和山东农业大学等研究机构的关于废旧塑料（主要成分是聚乙烯）回收包膜的发明专利。

2. 热固性高分子包膜肥料 热固性高分子

包膜肥料是在制备过程中使热固性有机聚合物作用在肥料颗粒上，由热固性的树脂交联形成的疏水聚合物膜。热固性高分子材料是指第一次加热时可以软化流动，加热到一定温度，产生不可逆的化学反应使材料交联固化而变硬，借助这种特性进行成型加工的高分子材料。常用的热固性材料品种有酚醛树脂、脲醛树脂、三聚氰胺树脂、不饱和聚酯树脂、环氧树脂、有机硅树脂、聚氨酯等。

热固性高分子包膜技术使多种颗粒状和球状颗粒的肥料产品形成包膜控释肥。这是通过改变膜的厚度和树脂成分来提供释放速率和释放模式都可人为控制的控释肥料，所生产的控释肥料耐磨损，养分的释放主要依赖于温度变化，而土壤水分含量、土壤 pH、干湿交替以及土壤生物活性对养分释放影响不大。因此，这种技术生产的包膜控释肥成为名副其实的"控释肥料"。

在控释肥领域广泛商业化的热固性高分子材料主要有两大类：一类是醇酸树脂类，知名产品如 Scotts 公司的 Osmocote ®；另一类是聚氨酯类，代表产品有 Haifa 公司的产品 Multicote ®，Agrkon 公司的产品 Plantacote ® 和

Agrium 公司的 ESN 中的一些产品。应用于原位聚合的高分子材料一般为热固性树脂。

3. 水基聚合物包膜肥料 水基聚合物包膜肥是使合适配比的丙烯酸酯、丙烯酸及烯烃类单体通过加热和溶剂挥发引发聚合反应固化成膜。水基聚合物包膜肥生产过程以水为溶剂，典型包膜材料为丙烯酸酯、偏二氯乙烯、天然及改性乳胶。由于传统方法有机溶剂挥发会造成环境污染，水基树脂（即水基聚合物）具有较好的包膜控释性能，又因其以水为溶剂，合成过程不需有机溶剂且易降解，所以水基树脂被视为理想的环境友好型包膜控释材料，成为目前聚合物包膜控释肥料的一大研究热点。

水基聚丙烯酸酯类包膜材料在价格、环境友好性方面有诸多优点，是未来包衣控释肥料的发展方向，但膜强度不足、耐水性较差等限制了其大规模应用。如何对聚合物包膜进行改性以满足不同的缓/控释需求是主要的技术难题之一。关于丙烯酸酯乳液的改性报道较多，多官能团的氮丙啶交联剂目前已经应用于水基聚丙烯酸酯包膜肥料的生产。改性水基包膜控释肥尝试采用生物炭和三聚氰胺等对水基聚丙烯酸酯乳液进行改性，以期提高膜材料的疏水性和改善其力学性质，同时优化其包膜肥料的控释性能。

生物炭是生物质在缺氧条件下高温裂解形成的物质。由于灰分含量较高，主体元素为碳原子，表面有多种官能团，生物炭具有分解慢、降低重金属和有机污染物生物有效性等作用，施加于土壤后，可以培肥改良土壤，促进作物生长，改变碳循环路径，增加土壤碳汇，减少温室气体的排放。三聚氰胺是一种应用广泛而又易得的化工原料，其特殊的化学结构决定了优良的反应活性。有研究表明三聚氰胺作为一种外交联剂，能够与丙烯酸酯中的羧基或羟基发生发应，改善乳液的耐水性。

中国科学院南京土壤研究所选用生物炭并结合氮丙啶及三聚氰胺对水基聚丙烯酸酯乳液GA-1711进行改性。结果表明，生物炭改性的丙烯酸酯乳液具有良好的成膜性，能够有效地改善原水基聚丙烯酸酯膜材料的疏水性及力学性质，延长了包膜肥料养分控释期。

4. 硫加树脂包膜肥料 即硫黄加树脂双层包膜尿素（Polymer-sulfur-coated urea，PSCU）。由于硫包衣尿素（SCU）控释效果差，一些厂家用有机聚合物（热固性或热塑性树脂）在

SCU 上再包被一层较薄的与普通聚合物包膜控释肥相似的膜。外加的聚合物膜也改进了原包膜的抗磨损性能，改进后产品表现出了较好的释放性能。此高分子膜仅占肥质量的 0.3%～0.5%，成本增加 3%～5%，产品的防硫膜氧化、抗冲击和控释性能显著。

对 PSCU 产品的养分释放特性的研究结果表明：PSCU 的抗冲击性和耐磨性上均与 SCU 相比有明显的优势；PSCU 可明显克服 SCU "破裂释放" 模式的缺点，使养分释放更加平缓；硫膜的厚度对 PSCU 的养分释放期起决定性作用，养分初期溶出率随着硫膜厚度的增加而降低，养分释放期相对延长；在相同涂硫量的条件下，PSCU 养分初期溶出率随着外层聚合物用量的增加而降低，养分释放期相对延长。因此，可以通过改变硫膜和聚合物的厚度来调节其养分释放特性，生产具有不同养分释放特性的控释肥料。

5. 天然高分子包膜肥 由于合成的高分子材料降解性能差，同时受到来源限制，导致其在经济以及环境保护方面等存在众多的问题，天然高分子材料被广泛地应用于缓/控释肥料的研究中。天然高分子材料主要包括纤维素、木质素、淀粉、壳聚糖、海藻酸钠和腐殖酸等，来源广，在土壤中易于降解，环境友好，逐渐受到研究者的重视。

但由于天然高分子聚合物是在自然条件下形成的，易被生物分解，控释性较差，大多数难以直接用作包膜材料，多数要经过物理或化学改性后使用，包括改性的淀粉、纤维素、木质素、壳聚糖、海藻酸盐类、动植物胶及腐殖酸等。

（1）**改性淀粉**　由于原淀粉的稳定性、溶解性、机械性能较差，不能直接用于缓/控释的包膜。一般通过酯化和交联可以提高其耐水性能，然而改性后的淀粉由于重结晶后易碎裂，因此需要加入塑化剂提高包膜的稳定性。Han等制备了一种可生物降解的淀粉和聚乙烯醇共混包膜，通过加入甲醛可以使淀粉和聚乙烯醇发生交联，这种包膜可以用于肥料的缓/控释。Niu等制备了淀粉聚乙烯基醋酸纤维素包膜，通过包覆尿素表明可以达到24小时的缓释。Lü等制备了交联的羧甲基淀粉和黄原胶缓/控释包膜，研究表明这种包膜减小了营养素的损失，提高了水的使用效率。

（2）**改性纤维素**　天然纤维素由于本身结

构的缺陷不能直接用于肥料的包裹，通过醚化反应改性制备的乙基纤维素具有较强的疏水性和成膜性能，可以用于缓/控释包膜。Susana 等通过乙基纤维素对硝酸铵肥料颗粒包覆，加入塑化剂癸二酸二丁酯或邻苯二甲酸二丁酯改性后其释放时间延长。Ni 等制备了乙基纤维素为内层和交联的聚丙烯酸—丙酰胺为外层的双层缓/控释包膜，研究表明，这种包膜具有一定的缓释尿素的作用，并且具有保水性和对环境无污染。Bortolin 等合成了一种聚丙烯酰胺，甲基纤维素含钙蒙脱土复合水凝胶缓/控释肥料包膜，研究发现，蒙脱土的加入增加了尿素负载量，增加了对水的吸附速率，具有很好的缓释化肥能力。

(3) **改性木质素**　木质素来源广泛、价格低廉，是仅次于纤维素的第二大可再生天然高分子材料。Wang 等通过改性的木质素用于钾肥的缓/控释，通过盆栽实验发现这种肥料的加入不仅减少了钾肥的损失，而且促进了番茄和玉米的生长。Mulder 等对比 4 种商业用的木质素，发现苏打亚麻木质素有较好的成膜性能，加入增塑剂后两周内保持包膜的完整性，经过烯基琥珀酸酐交联后能降低养分的释放速率。Peng

等通过聚氨酯交联醋酸木质素制备了一种水凝胶，试验表明这种水凝胶可以用于缓/控释化肥的包膜。

（4）改性壳聚糖 Corradini 等制备了壳聚糖/聚甲基丙烯酸复合包膜包裹氮、磷、钾肥料，通过红外光谱发现壳聚糖纳米粒子与氮、磷、钾元素之间存在静电作用，这种静电作用提高了相互的稳定性，这种包膜可以用于缓/控释化肥的包裹。Wu 等制备了具有三层包覆的缓/控释化肥，核心为氮、磷、钾复合肥，内层为壳聚糖，外层为聚丙烯酸—丙烯酰胺的包膜，不仅其吸水率提高了 70 倍，而且具有很好的缓释肥料的性能。Tongsai 等通过戊二醛交联聚乙烯基乙醇和壳聚糖制备了缓/控释化肥水凝胶包膜，这种方法增加了包膜的膨胀率，提高了缓/控释化肥的能力。

（5）其他改性天然高分子 天然橡胶具有良好的力学性能，但是它暴露在空气中时降解速率较慢，Riyajan 等通过淀粉接枝改性天然橡胶，然后将其应用在缓释尿素肥料的包膜中，结果表明：这种包膜在土壤中容易降解，具有良好的缓释和保水性能。Liu 等制备了一种新型的改性钙离子海藻酸胶囊，这种胶囊可以用于细菌肥料的控制释放。Melaj 等将黄原胶、壳聚糖和 KNO_3 制备成片剂，这种片剂可以在土壤中保持 42 天以上，可以用于控释肥料的包膜。

四、缓/控释掺混肥

缓/控释掺混肥以控氮为核心，分别采用与肥料表面具有较强亲和力和成膜特性的涂层材料，分别涂布在不同肥料颗粒表面形成一层或多层包膜，使之成为具有"控氮缓释、促磷增效、防钾淋失"特点的改性肥料品种。它具备可灵活调整养分、生产成本较低、技术装备较简单、生产环境比较清洁等特点，是保证农业持续健康发展的重要措施之一。

缓/控释掺混肥可选用尿素或其他含氮原料肥进行控释处理，然后和其他速效原料肥掺混而成。作物前期养分由剩余速效肥和控释肥提供，使养分释放速率与作物吸收规律基本相吻合，能够提高肥料的利用率，以期在大田作物上实现一个生育周期内只基施一次肥。掺混型的配肥配方灵活、工艺简单，可以科学添加作物所必需的各种营养元素，能够满足测土配方施肥的需要，有利于构建农民、农技服务和公司企业三方互动共赢的良性循环机制。

　　缓/控释掺混肥是一种多元素、多营养、多功能的复肥品种，具有生产简单、配方灵活、投资少、成本低、养分利用率高的特点，但就掺混肥料自身和在我国的应用实际来看，还存在一些亟待解决的问题。一是一般掺混肥只能选择尿素、磷酸二铵、氯化钾为主要原料，而长期施用就可能造成土壤硫、钙等中量元素及微量元素的亏缺。二是基础原料粒度和粒型。目前市场上有大颗粒尿素和球形颗粒磷酸二铵、球形颗粒重过磷酸钙等，缺少与之相匹配的球形颗粒氯化钾和硫酸钾。因此一般掺混肥在贮运、施用（特别是机械施用）的过程中，较容易发生不同肥料颗粒组分不均匀离散现象，导致田间肥效差异，影响施肥的均一性。三是一般的掺混肥所选择的基础肥料大多属速效肥料，不具备缓/控释的特性，不能实现一茬作物一次施肥，难以适应机械化施肥、规模化经营的现代农业发展的新趋势。

　　1. 掺混控氮型缓/控释肥料　掺混控氮型缓/控释肥料是指将缓/控释氮肥掺混在肥料中的各种作物控氮型专用肥。目前在我国缓/控释肥氮肥绝大多数是聚合物包膜尿素和硫加树脂包膜尿素，将包膜控释尿素按照一定的比例均匀地掺混在复合肥料或掺混肥料中，在控释肥料行业标准中又被称为"部分控释肥料"。

2. 掺混控氮、钾型缓/控释肥料　掺混控氮、钾型缓/控释肥料是指将缓/控释氮肥、缓/控释钾肥或缓/控释氮、钾肥掺混在肥料中的各种作物控氮、钾型专用肥。

3. 掺混控氮、磷、钾型缓/控释肥料　掺混控氮、磷、钾型缓/控释肥料是指将缓/控释氮肥、缓/控释磷肥、缓/控释钾肥或缓/控释氮、磷、钾复合肥掺混在肥料中的各种作物控氮、磷、钾型专用肥。控释养分的数量越多，所占的比例越大，生产成本和价格也越高，在选用时还需考虑产投比和经济效益等。

第四章
一次性施肥机械

施肥是农作物增产的主要方法之一，其三大支柱是化肥配制、施肥技术和施肥机械。在施肥的三大支柱中，由于政府的大力扶持，化肥配制已经在国际上达到了比较先进的水平。虽然我国的化肥配制水平较高，但我国施肥技术和施肥机械的研究则较发达国家落后许多。

第一节　施肥方式现状

水稻在整个生育期中需肥较多，传统的施肥方式一般需要 2～3 次的追肥。分次施肥虽然被认为是较易获得高产的施肥方式，但在分蘖期以后，水稻逐渐封行，植株较高，进行入土施肥、侧入深施肥等入土性施肥作业比较困难，通常实行地表追肥作业。传统追肥作业方式以人工撒施为主，行走不方便，播撒不均匀，劳动强度大。不仅造成环境污染和化肥利用率低的问题，还在一定程度上制约了农业生产规模化和机械化的发展，不符合轻简化施肥的发展趋势。

采用合理的施肥方式是提高水稻产量、减少环境污染的有效手段。施入水田中的肥料，如果不及时掩埋，肥料漂浮在水面上，会随水波发生聚堆现象，导致施肥不均，水稻秧苗吸收的肥量多少不一，造成水稻的长势不一。施到水田表面或者掩埋层较浅的肥料，即使溶解扩散，水稻根部周围的肥料浓度很低，而水稻移植后根部受伤，吸肥能力下降，水稻返青生根后氮素已损失较多，所施下的氮素被水稻吸收的量相对减少，使肥料得不到充分利用，影响了水稻的正常分蘖。传统的水田施肥技术发生上述现象后易导致水田肥力不足，会误导人们增加肥料的施用量，造成不必要的浪费和环境的污染。水田深施肥技术是将肥料施于水稻秧苗侧部一定深度的位置，并用秧苗周围的泥土将肥料覆盖的一种施肥方法。

采用肥料深施技术使肥料与土壤充分接触而被吸附，避免肥料直接溶于水中和暴露于土壤表面，降低了稻田水中肥料的浓度，从而起到保肥作用；而深施氮素损失较少，被吸附在土壤中的大量氮被逐步释放出来，这个过程持续时间较长，而且比较平稳，满足了水稻正常生长发育需求，促进早分蘖，比较稳定和长期地供给水稻生长需要的氮素，提高有效穗和结实率，因而获得增产。相对于水田传统的施肥方式，化肥深施是较为理想的施肥方式。施用传统类型的肥料，若只施基肥易造成水稻生长后期脱肥，追肥则需要额外的施肥用工，同时也增加了养分损失的风险。缓/控释肥料被称为高效兼环境友好的肥料类型，其原理是通过减缓或控制肥料养分在土壤中的转化过程和释放速率，达到养分的释放与作物需求同步，实现高产高效的目的。

多年来，由于常规机械无法下田，我国水稻生产的施肥作业大多靠人力，其效率低、作业质量难以控制，且劳动强度大，不适应规模化生产，一直是制约水稻高产及全程机械化生产的难题。此外，农业劳动力的缺乏以及劳动力成本的增加等均限制了多次追肥的应用。因此，从提高肥料利用率和粮食产量，同时又要减少因不合理施肥造成的环境污染的角度出发，机械一次性施用高效、低成本、环保型的新型缓/控释肥料就显得尤为重要。

当前国内大多数使用的水稻插秧侧深施肥装置的排肥部件主要是风力驱动，也就是市场上应用的风机作为动力；还有一些施肥装置是自然排肥，即无动力方式，传统旱田排肥方式，如窝槽施肥器、外槽轮式施肥器等。我国从20世纪70年代开始研究化肥深施技术，并自主研发相应的化肥深施机具，先后共推出二十余种化肥深施机具，但它们的作业效果均不理想，旱田深施肥机具作业效果相对较好，而水田深施肥机具效果相对较差。这是由于水田潮湿的工作环境和化肥极易吸潮的特性所导致的，化肥吸潮后会潮解，其流动性变差，黏附性变大，潮解的化肥就会经常黏附在肥料箱壁面和输肥管壁面上，造成排肥不均匀、施肥质量下降，甚至还会出现堵塞输肥管路、板结、架空肥料箱等问题从而降低了水田深施肥机具的工作性能和作业效率。

第二节　国外施肥机械研究进展

目前，国外的施肥机械已经比较发达，欧

美等发达国家由于工业起步早，对施肥机械的研究比较深入，已形成了一套完整的施肥机械体系，非常值得学习和借鉴。当今世界水稻的机械化生产可按种植方式分为两大类：一是以欧美国家为代表的水田旱直播模式，水田实现条田化，用先进的平整机械平整土地，培育出适合旱直播的品种，此种植方式下的机械化施肥方式普遍采用撒肥机进行施肥作业，或喷药和施肥同步作业；二是以日本和韩国为代表的水稻移栽栽培，工厂化育秧，机械插秧，此种植方式下的机械化施肥方式普遍采用插秧与深施肥同步作业。

欧美国家普遍应用的撒肥机主要有 3 种类型：

1. 离心式撒肥机 根据离心式排肥器的原理设计，由动力输出轴带动旋转的排肥盘利用离心力将化肥撒出。有单盘式和双盘式 2 种。撒肥盘上一般装有 2~6 个叶片，它们在转盘上的安装位置可以是径向的，也可以是相对于半径前倾或后倾的；叶片的形状有直的，也有曲线形的。前倾的叶片能将流动性好的化肥撒得更远，而后倾的叶片对于吸湿后的化肥则不易黏附。它具有结构简单、重量较小、撒施幅度大和生产效率高等优点，是欧美等国家普遍采用的一种撒肥机。

2. 全幅式施肥机 一类是根据转盘式排肥器原理设计的，由多个双叶片的转盘式排肥器横向排列组成全幅式施肥机。另一类根据链指式排肥器原理设计，由装在沿横向移动的链条上的链指组成，沿整个机器幅宽实施全幅式撒肥，其基本特性是在全幅式内均匀地施肥。

3. 气力式宽幅撒肥机 利用高速旋转的风机所产生的高速气流，并配以机械式排肥器和喷头，便于机械化装肥，能够大幅宽、均匀、高效率地撒施化肥。气流式施肥机是 20 世纪 70 年代发展起来的产品，这种撒肥机是目前国外应用最广的一种新式的，集自动化和电子化为一体的撒肥机。

相关的施肥机械主要有：法国库恩公司生产的 AXIS 50.1W 型撒肥机（图 4-1），其最大工作幅宽能达到 50 米，肥料箱载荷为 4 000 千克，同时驾驶员可在驾驶室中控制调节肥料颗粒在撒肥盘上的落点，从而轻松地调节工作幅宽，该机具最大施肥效率可达 500 千克/分钟，工作时速度可达 20 千米/小时。美国约翰迪尔公司生产的 4630 自走式喷肥机（图 4-2）采用了

121.36千瓦的迪尔Power Teach柴油发动机和大排量行走马达很大程度地提高了生产力，同时该机具配备有变量静液压传动系统及坚固耐用的喷杆和悬挂系统，使其具有良好的传动系统和可靠的结构。

图4-1 库恩AXIS 50.1W型撒肥机

图4-2 约翰迪尔4630自走式喷肥机

欧美发达国家的种植方式多以大型农场为主，种植机械化程度高，且有专门的土壤检测机构，通过检测土壤的肥力状况，然后根据农作物肥力需求施用肥料，化肥利用效率高。由于人工施肥作业的劳动量比较大及施肥环境比较恶劣等因素，在20世纪早期欧美等发达国家就已经在施肥机械方面进行了研究，时至今日，欧美等发达国家既有播种机械带有的施肥装置，又有大量用于整地前撒播、中耕施肥及改良土壤等专用的施肥机械。

　　液体化肥的概念由美国率先提出，在20世纪30年代时美国率先使用，截至目前，加拿大、丹麦等国家已经在广泛应用。由于液氨在液态化肥中极易挥发，所以施用液态化肥时一般采取深沟施肥和注入施肥等方法，而不能用常见的撒施等方法。美国生产的700型液氨施肥机原理是用开深沟的方法把液氨施入土地，但开深沟时极易切断作物的根系从而导致作物产量降低。目前，施用液态化肥比较好的方法是注入法，前苏联研制了一种MBY-3型施肥机，该机采用旋转式针状注肥器作为工作部件。美国研制了一种液氨注施装置，将液氨冷处理后形成85％的液体和15％的蒸气，然后撒到较浅的土层中，后面的耕作机具立即覆土，效果比较理想。

　　日本的水稻全程机械化率是全世界最高的

国家之一，基本形成了统一的水稻栽培模式，育秧、侧深施肥、机械插秧已实现了系列化、标准化、工厂化，水稻种植机械化水平较高。1975年日本开始对深施肥技术进行研究，研究结果明确了深施肥技术具有明显的节肥增产作用，1981年开始全国范围内推广，1986年开发出深施专用肥料，到1992年日本采用深施肥技术的水田面积，达全国水田总面积的20%左右。这种方法是将肥料施于秧苗一侧深5～8厘米处，呈条状储藏的肥料集中不易挥发，又可以逐渐释放以满足水稻生育需求。高精度高速施肥机，可以配合全球定位系统（GPS）并自动调节施肥量，减少10%施肥量。随着侧深施肥技术的普及，形成促进初期生育、降低成本、减少水质污染等省力化技术，随着插秧机的改良并与施肥器配套以及侧深施肥专用肥的开发，使侧深施肥技术迅速推广。日本井关、久保田、洋马、三菱等多家大型农机制造公司，先后研制出多款配备深施肥装置的插秧机或直播机。井关公司（ISEKI）研制的水田深层施肥机具可在两行水稻植株间开出80～100毫米的深沟，将肥料施入深沟后进行覆土作业，施肥作业时，必须将肥料施在两行正中央，否则会造成水稻生长不齐的现象。久保田公司（Kubota）研制的 EP4-TC 型水稻直播专用机（图 4-3）可实现水稻直播、侧深施肥、喷洒农药一体化作业，侧深施肥时将肥料施于水稻植株侧方的肥沟内，整个施肥过程无需覆土环节。日本三菱公司（Mitsubishi）研制的 MPR-85H 型水田施肥机，采用糊状肥料进行双层施肥，即将深层施肥和侧深施肥同时施用，上层肥料为水稻营养生长提供养料，下层肥料为水稻生殖生长提供养料。

图 4-3　久保田公司 EP4-TC 型水稻直播专用机

此外，日本主要针对农田需肥进行了研究，设计了一款施肥机并可以用于水稻田的固体肥料施肥，整个机械由肥料箱、电动马达、控制系统和喷管组成。新研发的变量施肥机比老式施肥机械节约 12.8％的肥料。

韩国首尔国立大学的 Kim 等人设计了一种适用于稻田作业的气动撒肥机，并通过实验研究了其工作性能。气动撒肥机根据 DGPS 信息计算施肥机行走的速度，以及确定施肥机的位置；然后根据已经生成的处方图，确定施肥量大小，通过 PWM 的形式控制风扇实现精确的气动变量撒肥。该施肥机幅宽 10 米，有一个容积为 0.2 米³ 的料箱用于盛放肥料。工作能力为34～428 千克/公顷，行走速度 0.2～0.8 米/秒。经过实验验证，其工作性能满足实际应用的需要。

第三节　我国施肥机械的发展

我国对水田深施技术的研究始于 20 世纪 60 年代，起步比日本早了 10 年左右，但是深施肥技术的应用及推广却相对缓慢，由于机械匹配等问题而搁置。对水田深施肥机具的研究主要还是以自主研制为主，先后研制了 20 多种不同方案的水田深施机具，水田深施肥机具的标准不统一。此外，当时化肥主要以碳酸氢铵为主，其吸湿、潮解、挥发、黏附、结块等化学物理特性对排肥、施肥技术带来极大的困难，困扰着施肥机械化的迅速发展。

随着我国化肥施用量的增加和现代农业生产中机械化的迫切需求，我国逐渐加强对施肥技术和施肥机具的研究。相对于国外对施肥技术和施肥机具的研究，我国起步较晚，发展也相对较慢。虽然对于施肥机具的研究已经获得了较大成效，但是相对于发达国家，我国的机械化水平还相对落后。目前国内市场上已经有许多不同功能和用途的施肥机具，这些施肥机具大多数还是以国内自主研发为主。

1976 年，营口市农机研究所研制了辽河 77（2F6 - 2）型深层施肥机，施肥深度 80～120 毫米，工作能力为 75～450 千克/公顷，行走速度 0.73 米/秒。它具有结构简单，操纵方便，施肥种类多，施量均匀和维修容易等特点。田间试验结果表明：经过深施肥的水稻长势稳重，株高增加 20～83 毫米，增产达到了 19.5％。20 世纪 80 年代初，福建省农业科学院研制了 2DS - 2 型水田化肥深施机，该机械为双行行星搅龙式。机具内部装配有螺旋搅龙，通过螺旋搅龙的推动作用促进化肥落入肥沟内，有效地改善了由于化肥堆积引起的架空现象，消除了化肥遇水潮解所带来的落肥口堵塞问题，由于该机具的结构相对复杂，工作效率低，所以没有得到大范围的应用及推广。1991年，湖南省衡山县农机研究所根据水田深施肥农艺要求，将旱耕碳酸氢铵追肥机改装为水田化肥深施机，但由于南方梅雨气候的影响，潮湿的空气严重影响了水田化肥深施机的工作性能。1996年，黑龙江省水田机械化研究所研制出可与延吉插秧机厂生产2ZT-9356型插秧机和依兰收获机厂产的插秧机配套的2ZTF-6型水稻侧深施装置，通过插秧机的栽植臂曲柄轴传递动力，经驱动连杆带动排肥轮摆动，实现间隙摆动施肥，将肥料施于水稻秧苗侧部。该施肥装置具有省肥、防烧苗、省工和增产等特点。试验结果表明，使用该机具深施肥后，平均增产达40%。根据黑龙江省的水稻生产需求，黑龙江省水田机械化研究所又研制了以手扶拖拉机为动力的2FJ-1.8水稻深施肥机，机具的排肥部件采用螺旋搅龙结构，肥料在螺旋搅龙的推动下排入肥沟内，在船板的作用下泥土自然闭合，使肥料准确地深施于苗侧部位。1997年，吉林省四平市农机研究所研制了2BF-630型水田化肥深施机。2BF-630型水田深施肥机是通过肥箱支架与四轮拖拉机两翼板螺栓相连接，施肥部分与拖拉机刚性连接，机架开沟器工作部件与四轮拖拉机液压提升臂铰链连接。随液压起落，其位置配置在肥箱下方，提升时不受干涉，排肥动力采用强制性驱动，用四轮拖拉机右侧后轮轮毂上的 3 个螺栓固定传动轴，直接用铸造钩式链条经离合器轴传给施肥机上的传动轴，离合器轴的一端用自行车链和牙盘传给排肥轴将肥料排出箱外，通过输肥管，在开沟器未回土前将肥料施于犁底层，之后自然回土将肥料深埋于土壤之中。该机具与 8.8～13.2 千瓦四轮拖拉机配套使用，它除了用于水田化肥深施外，更换少许旱田部件还可进行旱田春季深施底肥、垄侧深施追肥等，使用该机深施化肥可节约化肥 20%，比表施肥增产 10%～15%，具有较好的经济效益和社会效益。2001 年，南京农业大学姬长英教授根据我国南方的气候和农业生产特点，研制了 1GH－6 型水田化肥深施机肥，其料箱内安装有搅拌器可将潮解的化肥粉碎，并通过由螺杆泵与特制分配器组成的排肥机构，向多根落肥管均匀供肥，经过试验验证该机具结构可靠、施肥均匀性较好的特点，用该机械深施基肥可增产 5%～10%，而在保持产量不减的情况下，可节约肥料20%。2009年，华南农业大学罗锡文院士发明了水田同步开沟起垄施肥播种机，实现了同步开沟起垄、同步播种、同步侧位深施肥，在同等的施肥条件下，机械播种及深施肥处理的有效穗、穗平均实粒数、结实率均高于机械播种人工撒施肥和人工直播人工撒施肥，增产5.9%～13.4%，具有明显的生态和经济效益。近年来，我国从意大利引进配套马力四轮驱动拖拉机的大直径窄形铁制水田轮配套悬挂式宽幅喷杆喷雾机及双圆盘离心式宽幅撒肥机，解决了沙质土壤的早期水田喷雾治虫与撒肥机械化问题，但由于其机器自重较大不适合易下陷的黏性土壤田块作业。由于地隙较低，该机械不适应水稻后期作业。

我国施肥机械化发展比较迅速，从撒肥机到智能变量施肥机，从粗放的施肥方式到精细化作业，我国的水田施肥机械化有了长足的进步和发展。同时，新型缓/控释肥料种类不断丰富可以更好地与现代施肥机械相匹配。从水田一次性深施机械的国内外发展现状来看，国外研发的水田深施肥机械已经获得了良好的工作效果，国内研发的多款机械的工作方式和结构都各不相同，目前还没有一款广泛应用且工作效果较好的机型，国产深施肥机械的研制与推广还有广阔的前景。因此，水田一次性深施肥机械的进一步研究将满足我国水稻生产全程机械化的需求，有利于水田深施肥技术及机械的推广和应用。

第五章
水稻一次性施肥关键技术

第一节　肥料品种

一、不同肥料品种的施用效果

　　长江中下游田间试验结果表明，控释 BB 肥（由可控性缓释氮肥、磷酸二氢铵、氯化钾和大颗粒尿素掺混而成）具有养分释放的平衡性和缓释性，可实现水稻整个生育期一次性施肥，植株 N、K 含量明显增加，水稻分蘖数、有效穗、每穗实粒数、结实率等显著提高。与常规施肥技术比较，施用 I 型控释 BB 肥早稻增产 9.0%～14.6%，晚稻增产 4.3%～9.2%，肥料养分效率可提高 53.3%～79.5%；施用 II 型控释 BB 肥早稻增产 7.5%～12.1%，晚稻产量略有增加，肥料养分效率可提高 17.4%～25.1%。杨利军等通过连续 2 年田间试验，研究了缓释尿素（添加脲酶抑制剂的缓释尿素 1 号、添加硝化抑制剂的缓释尿素 2 号）的施用效果。与普通尿素相比，2 种新型缓释尿素均能显著提高作物产量和氮肥利用率。缓释尿素 1 号和 2 号分别增产 8.0％和 12.6％，氮肥利用率分别提高 7.4％和 4.8％。张木等在华南稻区的研究结果表明，一次性施用缓/控释肥料（硝化抑制剂 DCD 类掺混稳定肥、硝化抑制剂 DMPP 型稳定复合肥、树脂包膜掺混肥）均可满足水稻各生长期对氮、磷、钾的吸收，促进水稻分蘖、增加水稻有效穗数及穗粒数，增强水稻光合速率和碳氮代谢水平，提高或保持了水稻正常产量。一次性施用缓/控释肥较传统分次施肥对水稻具有稳产或增产的作用是因为其能在整个生育期内满足水稻的养分供应，在不降低千粒重及结实率的基础上提高或是保持水稻的有效穗数及穗粒数。孙锡发等在西南稻区的试验表明，高分子包膜对水稻的增产作用显著高于普通尿素。在中高肥力土壤上比无氮处理增产 50.8％，比普通尿素一次施用增产 10.0％；在中低肥力土壤上增产 43.2％，比普通尿素一次施用增产 27.0％。普通尿素分次施用的效果略优于普通尿素一次施用，增产 2.0％～10.0％。

由此可见，包膜尿素、脲酶抑制剂尿素、硝化抑制剂尿素等不同类型的缓/控释尿素在相同稻区的水稻上均有较好的施用效果。同种类型的缓/控释尿素在不同水稻主产区也有较好的施用效果。

二、选择肥料品种的依据

一般情况下，不同产区的水稻生育期不同，其氮素吸收规律存在一定的差异；同一产区的不同季型的水稻因感光性、感温性不同，其吸氮规律也不尽相同。例如，长江中游双季早稻、一季中稻、双季晚稻的氮素吸收积累快速增长期分别为水稻移栽后 14～44 天、15～49 天和 13～32 天，对应的生育时期均为分蘖期至拔节孕穗期。氮素吸收快速增长持续时间为晚稻（19 天）＜早稻（30 天）＜中稻（33 天），氮素吸收最大速率出现时间为晚稻（23 天）＜早稻（29 天）＜中稻（32 天）。由此可见，早、晚稻所需控释氮肥释放期较短且分蘖期—拔节孕穗期需释放适量氮素，以满足早、晚稻分蘖生长及幼穗分化对氮素的需求。一季中稻所需控释氮肥释放期较早、晚稻长，且分蘖期—拔节孕穗期释放适量氮素、灌浆期—成熟期需释放适量氮素以满足籽粒充实。因此，长江中游地区双季早稻、双季晚稻和一季中稻的氮素释放期分别为 40 天、30 天和 50 天。

所以应根据水稻氮素吸收规律选择适宜的缓/控释氮肥品种。只要缓/控释肥料的释放期符合水稻氮素吸收的要求，不论是包膜型还是添加抑制剂型的肥料均可在水稻上施用。

第二节 肥料用量

一、缓/控释肥料的适宜用量

鲁艳红等采用田间小区试验研究了2种控释氮肥（树脂包膜尿素和硫包膜尿素）在常规尿素施氮量基础上减氮 15%、30% 对早、晚稻产量、产量构成因素、氮素养分吸收利用及土壤氮养分含量的影响。结果表明，与常规尿素处理相比，早稻减氮 15%、30% 施用硫包膜尿素和树脂包膜尿素均表现为增产，而晚稻施硫包膜尿素增产、施树脂包膜尿素减产。

在湖北省沙洋县曾集镇和湖北省洪湖市大同湖管理区进行田间试验（表 5-1）。沙洋试验点设 7 个处理，分别为①CK：对照，不施氮肥；②U_{150}：普通尿素 N 150 千克/公顷；③$U_{75-37.5-37.5}$：普通尿素 N 150 千克/公顷；④CRU_{75}：控释尿素 N 75 千克/公顷；⑤$CRU_{112.5}$：控释尿素 N 112.5 千克/公顷；⑥CRU_{150}：控释尿素 N 150

千克/公顷；⑦$CRU_{187.5}$：控释尿素 N 187.5 千克/公顷。洪湖试验点设其中的①、②、③、⑤、⑥处理。水稻专用控释尿素为聚氨基甲酸酯包膜尿素，由美国 Agrium Advanced Technologies Company 提供，含 N 量为 44%。普通尿素施用量为田间最佳推荐用量，施用控释尿素梯度结合普通尿素施用量设计。

表 5-1　不同施氮处理对水稻产量的影响

处理	沙洋		洪湖	
	产量 （吨/公顷）	增产率 （%）	产量 （吨/公顷）	增产率 （%）
CK	7.03±0.14c	—	6.74±0.07c	—
U_{150}	7.86±0.18 b	11.7	7.81±0.08 b	15.8
$U_{75-37.5-37.5}$	8.23±0.12 ab	17.1	8.02±0.06 ab	18.9
CRU_{75}	8.09±0.05 ab	15.0	—	
$CRU_{112.5}$	8.48±0.04 a	20.5	8.23±0.11 a	22.0
CRU_{150}	8.35±0.04 a	18.7	8.09±0.07 a	20.0
$CRU_{187.5}$	8.10±0.22 ab	15.1	—	

　　注：数据用 A±B 表示，A 为平均值，B 为标准误差；同列数据后不同字母表示处理间差异达 5%显著水平。下同。

　　沙洋试验点结果表明，与对照相比，施用控释尿素均获得显著增产，增幅为 15.0%～

20.5%。与普通尿素一次性基施处理（U_{150}）相比，CRU_{75} 处理施氮量减少 50%，产量相对增加 3.0%，增产不显著；$CRU_{112.5}$ 处理施氮量减少 25%，但增产效果显著，相对增产 7.8%；CRU_{150} 处理施氮量与普通尿素相当，增产效果显著，相对增产 6.3%；$CRU_{187.5}$ 处理施氮量增加 25%，相对增产 3.0%，增产不显著。控释尿素处理与普通尿素分次施用处理（$U_{75\text{-}37.5\text{-}37.5}$）相比，产量均无显著差异，$CRU_{75}$ 处理相对减产 1.7%；$CRU_{112.5}$ 处理增产效果最好，相对增产 2.9%；CRU_{150} 处理相对增产不明显；$CRU_{187.5}$ 处理相对增产 1.7%（表 5 - 1）。洪湖试验点结果表明，与对照相比，控释尿素处理增产效果显著，增幅为 22.0% 和 20.0%。与普通尿素一次性基施处理（U_{150}）相比，$CRU_{112.5}$ 与 CRU_{150} 处理均获得显著增产。控释尿素处理与普通尿素分次施用处理相比，产量均无显著差异。洪湖试验点产量水平略低于沙洋试验点，但增产规律和沙洋试验点一致。多点试验结果表明，在相同施氮量下，与普通尿素一次性基施相比，施用控释尿素可获得显著增产；与普通尿素分次施用相比，一次性基施控释尿素可获得同等高产水平。

二、缓/控释肥料与普通尿素的配合施用

由于缓/控释肥料的价格一般高于普通肥料,因而成为其在大田作物上广泛应用的主要限制因素。为此,很多专家学者大力推荐将缓/控释肥料与普通尿素配合施用。作物前期氮养分由掺混速效氮肥和控释氮肥共同提供,使养分释放速率与作物吸收规律基本相吻合,以期在大田作物上实现全生育期一次性施肥技术。

许东恒等研究结果表明,50%控释氮肥＋50%普通氮肥处理不仅获得了最高产量,而且氮肥利用率也最大。其产量比100%普通尿素处理增产375千克/公顷,氮肥利用率提高7.7%。王泽胤的试验结果可以看出,与等养分普通尿素比较,控释尿素与普通尿素配合施用可使水稻增产7.3%～15.7%,提高氮肥利用率17.7%～25.5%。配合比例以控释尿素占总氮量的30%～50%为好。

钱银飞等在双季稻上结果表明,在全氮(早稻180千克/公顷,晚稻225千克/公顷)模式下,与全施普通尿素处理相比,100%施包膜缓释尿素的处理双季超级稻的穗数降低,但每

穗粒数和结实率显著提高，最终提高产量，提高了氮肥利用效率；节氮模式下（早稻 144 千克/公顷，晚稻 180 千克/公顷），不同比例包膜缓释尿素与普通尿素组合的产量和氮肥利用效率均显著高于全氮模式；3 种配比组合中以包膜缓释尿素：普通尿素＝3：7 组合的产量最高，氮肥吸收利用程度最高，应用效果最好。

可见，缓/控释肥料与普通尿素的配合施用可以显著增产并降低肥料成本，其最佳配比以缓/控释尿素占总氮量的 20%～40%为宜。

第三节　肥料配伍

水稻的一次性施肥除了考虑缓/控释氮肥外，还应配合施用相应的磷肥、钾肥及中微量元素肥料，以满足养分之间的平衡。下面以长江中游稻区不同季型水稻为例介绍不同养分之间的配比。

1. 双季早稻　目标产量为 450～550 千克/亩*的条件下，全生育期氮、五氧化二磷和氧化钾的用量分别为 9.5～11.5 千克/亩、5.0～6.0

---

* 亩为非法定计量单位，1 亩＝1/15 公顷，下同。——编者注

千克/亩、4.0～5.0 千克/亩。

(1) 单质肥料 30％的氮为缓/控释尿素，70％为普通尿素或铵态氮肥。磷肥可采用过磷酸钙或磷酸铵，钾肥采用氯化钾。

根据需要施用硫酸锌 1～2 千克/亩。

(2) 复合肥料 采用养分比例为 24 - 12 - 11 - 3（$ZnSO_4 \cdot 7H_2O$）的复合肥料，用量为 40～50 千克/亩。

2. 双季晚稻 目标产量为 500～600 千克/亩的条件下，全生育期氮、五氧化二磷和氧化钾的用量分别为 10.0～11.5 千克/亩、4.5～5.0 千克/亩、5.0～6.0 千克/亩。

(1) 单质肥料 30％的氮为缓/控释尿素，70％为普通尿素或铵态氮肥。磷肥可采用过磷酸钙或磷酸铵，钾肥采用氯化钾。

根据需要施用硫酸锌 1～2 千克/亩。

(2) 复合肥料 采用养分比例为 22 - 9 - 12 - 3（$ZnSO_4 \cdot 7H_2O$）的复合肥料，用量为 50～55 千克/亩。

3. 一季中稻 目标产量为 550～650 千克/亩的条件下，全生育期氮、五氧化二磷和氧化钾的用量分别为 10.5～12.0 千克/亩、5.0～5.5 千克/亩、5.0～6.0 千克/亩。

(1) 单质肥料 30％的氮为缓/控释尿素，70％为普通尿素或铵态氮肥。磷肥可采用过磷酸钙或磷酸铵，钾肥采用氯化钾。

根据需要施用硫酸锌1～2千克/亩。

(2) 复合肥料 采用养分比例为23-10-11-3（$ZnSO_4 \cdot 7H_2O$）的复合肥料，用量为50～55千克/亩。

第四节　施肥方法

一、旋耕施肥法

采用旋耕施肥机（图5-1、图5-2）在稻田旋耕打浆时将肥料一次性施入土壤。这种施肥方法主要应用于长江中下游地区的油菜—水稻轮作、小麦—水稻轮作区。

图5-1　1GF-230型旋耕施肥机

图 5-2　1GF-230 型旋耕施肥机水田施肥作业现场

一般情况下，前茬作物油菜或小麦收获后提倡秸秆全部还田。无论是机收还是人工收获，都会产生大量的秸秆。因此，种植水稻前应首先把秸秆打碎，然后使用旋耕机第一次旋耕，在耕田的同时将秸秆翻埋。灌水后，进行第二次旋耕打浆，同时将肥料施入土壤，耙匀后即可使用插秧机插秧。

二、机插秧施肥法

采用机插秧施肥机（图 5-3、图 5-4）在机插秧时将肥料一次性施入土壤。这种施肥方法主要应用于华南稻区冬闲—早稻—晚稻轮作、东北稻区冬闲—水稻轮作区。

图 5-3　水稻插秧施肥机

图 5-4　水稻插秧施肥机在广东台山田间作业现场

　　尽管水稻收获后会产生一定量的秸秆，但由于冬季休闲，秸秆有大量的时间腐解，所以可以在插秧机工作的同时实现施肥作业。

如果前茬作物秸秆没有完全腐解时，插秧机会出现卷秆现象（图5-5）以致影响施肥。

图5-5 插秧机卷秆现象

三、同步开沟起垄施肥水稻精量穴直播技术

水稻生产用水、用肥量大。在大田生产过程中，直播水稻减少了育秧环节的施肥。因此，与移栽水稻相比，生产相同数量的稻谷，直播水稻可以减少氮肥（纯氮）使用量8～10千克/公顷。目前我国的肥料利用率不高，造成资源浪费和环境污染。采用肥料深施和使用缓释肥、控释肥是提高肥料利用率的重要途径之一，其中最有效的方法是播种时同步施用缓释肥、控释肥，以提高肥料利用率，减少施肥次数和生

产成本。在旱作作物中已有一些同步（深）施肥播种机具，但由于水田的特殊性和水稻生长的特点，难以在人工插秧、机械插秧、人工撒播和人工抛秧时同步深施肥料。华南农业大学在同步开沟起垄水稻精量穴直播技术的基础上进一步提出了同步开沟起垄施肥水稻精量穴直播技术。通过实现"开沟、起垄、施肥、穴直播"联合作业，将肥料集中施于水稻根系附近，有利于根系吸收和水稻生长，减少肥料用量，达到高效、增产、节肥、节水和减少田间甲烷排放量的目的。

同步开沟起垄施肥水稻精量穴直播机具的研制，实现了平地、开沟、起垄、施肥和穴直播一体化（图 5-6）。该机具主要由开沟装置、施肥装置和播种装置等组成。在两蓄水沟之间的垄台上的播种沟一侧开设一条施肥沟，施肥沟与播种沟之间的距离（两沟中心距）、播种沟的宽度和深度（距田表面的深度）根据农艺要求确定，一般为 60 毫米、25 毫米和 80 毫米，并可根据实际需要调整。播种机工作时先开出施肥沟并施肥，随之开出播种沟并播种，最后由蓄水沟开沟器开出蓄水沟，同时将施肥沟覆盖。

图 5 - 6 同步开沟起垄施肥水稻精量穴直播机

同步开沟起垄施肥水稻精量穴直播机作业时，同步形成"三沟一垄"，即播种沟、施肥沟、蓄水沟和垄台。施肥沟的开设可实现将肥料施于靠近水稻根系生长区的土壤深处，解决了水田肥料难以深施的问题；对肥料进行覆盖，可以减少因挥发、反硝化、淋失等原因造成的肥料损失。将缓/控释肥料施于靠近水稻根系生长区的土壤深处，其营养元素能根据水稻生长定时定量释放，满足水稻不同生长时期需要，一次施肥可满足全程生长需要。

第六章
水稻一次性施肥技术集成

第一节　华南稻区

本技术适用于华南双季稻区，目前该技术已在广东、广西、海南等地推广应用。针对亩产 500 千克左右、氮肥生产效率 45～50 千克/千克的目标制定，供生产中参考使用。

1. 品种选用　选用丰产性好、米质中上、抗寒和抗稻瘟病的品种。包括超级稻、高产杂交稻和常规优质稻。其中，适宜早稻品种生长期为 120～130 天，晚稻品种生长期为 110～125 天。

2. 育秧

(1) 秧田准备　选择背风向阳、排灌方便、土质松软、肥力较高的田块做秧田。采用水育秧的，按秧田∶本田＝1∶10 备足秧田。在播种前 1～2 周亩施腐熟农家肥 1 000～1 500 千克作基肥，翻耕入土，平整秧田。沉实 1～2 天后，开沟作畦，一般畦宽120～150厘米，沟宽30厘米，沟深15厘米。播种前亩施三元复合肥（N∶P_2O_5∶K_2O＝15％∶15％∶15％）25千克作基肥，施后拌匀。采用塑料软盘育秧的，要先准备营养土，播种前将畦面整平，排好秧盘，填充营养土。每亩本田用434孔秧盘50～55个或561孔秧盘40～45个。

（2）**种子处理和浸种催芽**　播种前晒种2～3天，杂交稻用清水选种，常规稻用比重1.05～1.08的盐水选种，用杀菌剂进行种子消毒。浸种催芽，当达到"根一粒谷长、芽半粒谷长"时播种。

（3）**适时播种，稀播匀播**　早稻3月上旬播种，晚稻7月上、中旬播种。要求带秤下田，分畦播种。播种后塌谷，早稻播种后盖膜保温。

（4）**秧田水肥管理**　播种至现青立针，保持沟中有水，厢面无水；2叶期后，厢面保持薄水层。2叶1心期亩施尿素3千克和氯化钾3千克作断奶肥，移栽前3～4天亩施尿素5～10千克作送嫁肥。

3. 整地和施肥

（1）**整地**　冬闲田应冬耕翻垡，移栽前

10~15天先施有机肥，耕翻耙碎土垡，上水后
耖平施面肥待插秧。冬作田收获后及早整地。
连作晚稻田在早稻收割后及时翻耕，插秧前耖
平施面肥。

（2）**施肥**　推荐施用"新农科"水稻控释肥，
包括氮、磷、钾≥50％水稻控释肥（23 - 7 - 20）
和氮、磷、钾≥40％水稻控释肥（24 - 4 - 12）
两种。其中，前者为广适型控释肥，在华南水
稻各产区均适用，后者适宜在高肥力、高钾含
量土壤或具有秸秆还田传统种植区域。

本水稻控释肥氮、磷、钾养分含量为23 - 7 -
20，推荐施用量由多年试验示范结果总结得出
（表6 - 1），各地使用时可根据目标产量、品种
特性、土壤肥力状况等具体情况进行调整。

表6 - 1　不同目标产量条件下缓/控释肥料的推荐用量

目标产量 （千克/亩）	主要品种类型	控释肥推荐量（千克/亩）
≤450	常规优质稻	40~50
450~550	常规高产稻、杂交稻	50~55
≥550	超级稻	早稻55~65，晚稻60~70

本水稻控释肥在移栽前施用，在犁翻耙田后
撒施，但施肥后要求再耙1~2次田，通过这一

简单的操作可达到全层施肥目的，更充分发挥本控释肥的长效控释效果。

4. 移栽

（1）适龄移栽 一般早稻秧龄 30 天左右，晚稻秧龄 15 天左右。

（2）合理密植，插足基本苗 根据育秧方式不同，可采用手插秧、抛秧和铲秧移栽等方式。栽插规格 20 厘米×16.7 厘米或 20 厘米×20 厘米，或抛秧 50～55 盘（434 孔秧盘）或40～45 盘（561 孔秧盘）。每亩栽插或抛秧 1.8万～2 万穴，杂交稻每穴 1～2 苗，每亩基本苗 4万～5 万；常规稻每穴 3～4 苗，每亩基本苗 7万～9 万。

5. 田间管理

（1）回青分蘖期

① 除草。深水回青，浅水分蘖，插秧后 3～5 天施用除草剂。

② 晒田。当全田苗数达到目标穗数 80%～90%时（早稻插秧后 25 天左右，晚稻插秧后 20天左右）排水晒田，长露短晒，不要重晒。

（2）拔节孕穗期 保水：倒 2 叶抽出期停止晒田，此后保持水层至抽穗。

（3）灌浆结实期 水分管理：干干湿湿，

养根保叶，收割前 7 天左右断水，不要断水过早。

（4）**病虫害防治** 秧田期注意防治稻飞虱、叶蝉、稻蓟马、稻瘟病等，移栽前 3 天喷施送嫁药。

移栽后到抽穗前注意防治稻瘟病、纹枯病、稻飞虱、三化螟和稻纵卷叶螟等。插秧后 35～40 天防治纹枯病 1 次。

破口期防治稻瘟病、纹枯病、稻纵卷叶螟等，后期注意防治稻飞虱。

（5）**收割** 当 90% 以上谷粒黄熟时，抢晴天及时收割。不要过早收割。

第二节　长江中下游稻区

一、湖北江汉平原中稻一次性施肥技术集成

本技术适用于湖北江汉平原中稻，针对产量 550～650 千克/亩、氮肥生产效率 40～50 千克/千克的目标制定，供生产中参考使用。

1. 品种选择与种子处理 选择适合本地种植的高产优质高抗的水稻品种，如扬两优 6 号、Q优 6 号、Y 两优 1 号、丰两优 1 号、珞优 8

号、两优培九等，每亩用种 1.5 千克。浸种前
2～3 天晒种子，增强种子发芽率（85% 以上）。
浸种用 45～50 ℃温水浸泡 0.5 个小时，在浸泡
过程中不断搅拌种子，再继续浸种 8～10 小时使
种子充分吸足水分，将起水后的种子进行催芽
至破胸露白即可。

2. 育秧

（1）育秧方式 育秧基质硬盘工厂化育秧。

（2）播种育苗

① 铺基质。调节播种流水线上的基质入口，
使底料基质装盘 2 厘米厚，盖籽厚度 0.5 厘米。

② 播种。调节播种流水线上的种子入口，
控制好每张秧盘的种播量。

③ 浇水。浇足底水。

④ 堆置催苗（暗化）。播种后将秧盘堆叠在
一起（最多只能堆叠 15 盘，切记请勿大量堆压
摆放以防止烧苗），再进行地膜覆盖。暗化催芽
24～36 小时，70%～80% 苗盘大量种子发芽，
使芽破土露头。当大片基质被顶起时，用少量
水喷压或用扫帚轻刷，整理后摆置苗床架上和
目的地。此时温室白天温度高出 28 ℃就开始开
天窗，但天窗不能一次性打开，要慢慢打开。
未出苗前一定不能浇水。

⑤ 摆盘。摆盘时秧盘长边应与秧板短边平行，每行 2 张秧盘，边与边靠紧，平铺于秧板上。此时温室白天温度 25～30 ℃，夜间 20～25 ℃，有利于出苗整齐，温度过低（12 ℃以下），烂芽。

（3）秧苗管理

① 水分管理。整个苗期均应保持基质湿润。

② 炼苗粗壮。播种后 10 天应开始慢慢打开温室的天窗（看温室的温度计开天窗和当天的天气情况而定，如果温室的温度计显示 25 ℃天气又是晴天就开始开天窗，天窗不能一次打开，慢慢开启）。

③ 病虫害防控。基质播种前用敌克松消毒，水稻长到 1 叶 1 心喷一次菌立净＋诱抗素，到 2 叶 1 心再喷一次。

④ 起苗移栽。当秧龄达 15～25 天，叶龄不超过 4 叶时，起苗移栽，起苗前应排干硬盘积水，有利于机器插秧。

3. 整地与移栽

（1）整地施肥 大田可采用机械、畜力耕整或除草剂除草后免耕。前茬秸秆最好需提前翻压 3～5 天，耕耙耘田后插秧；施用有机质肥料，必须经腐熟后施用或在水稻移栽前 10 天，结合耕整一并施下。全生育期化学肥料在耙田时采用机械一次性施入。

每亩施用缓/控释掺混肥（推荐 23 - 10 - 11 或相近配方，氮肥中应有 25%～30% 释放期为 50～60 天的缓/控释氮素）或稳定性肥料及脲甲醛肥料（推荐 23 - 10 - 11 或相近配方，肥料养分供应期为 50～60 天）45～50 千克。地力较肥，采用早熟品种时可适当少施肥；地力较瘦，采用中迟熟品种时适当加大肥料用量。缺微量元素（如锌）地区应因缺补缺。

(2) 移栽 根据常规稻和杂交稻等不同类型，按照不同分蘖能力、土壤的肥力水平安排不同的密度。前茬不矛盾的前提下尽量提早移栽，栽插密度为每亩 1.4 万～1.9 万穴。采用机械插秧，必须是当天起秧当天移栽。

4. 大田管理

(1) 水分管理

① 前期移栽。稻田浅水（2 厘米）插秧，寸水（4 厘米）返青，浅水（1.5 厘米）分蘖；抛栽稻田薄水立苗，湿润扎根分蘖；直播稻田湿润出苗，干干湿湿分蘖。

② 中后期。适时晒田，原则是"苗到不等

时，时到不等苗"。当每亩茎蘖数达到 18 万左右时开始晒田。泥脚深、土壤质地重、肥力高的田重晒，泥脚浅的瘦田、沙壤土轻晒。复水后浅水勤灌，保持薄水层（2～3 厘米）孕穗，抽穗扬花后干干湿湿灌浆，收获前 3～5 天断水。孕穗期或抽穗灌浆期若遇高温可灌 5～7 厘米深水降温。

（2）**中耕除草**　插秧后结合追施分蘖肥掺入除草剂防除杂草，或者人工中耕除草。

（3）**病虫害的防治**　注意病虫测报信息，采用农业防治、物理防治、生物防治和药剂防治相结合的方式进行综合防治，有条件的地区实行统防统治。

（4）**收获**　稻谷成熟度达到 90％时抢晴收割，收获后及时晒干和风选入库。

二、鄂东南早稻一次性施肥技术集成

本技术适用于鄂东南早稻，针对产量 450～550 千克/亩、氮肥生产效率 40～50 千克/千克的目标制定，供生产中参考使用。

1. 品种选择与种子处理　选用已通过审定，适合当地环境条件的优质高产，抗逆性好、抗

病虫能力强的湖北省主推品种，如鄂早 18、两
优 287、两优 42 等。播种前将种子摊晒 1～2
天，以提高种子发芽率和发芽势。每亩用种 2.5
千克，将晒好的种子用 1％ 的生石灰水浸泡 1
天，浸种时使石灰水高出谷种 10 厘米，或者使
用强氯精消毒。

2. 育秧

（1）育秧方式 育秧基质硬盘工厂化育秧。

（2）播种育苗

① 铺基质。调节播种流水线上的基质入口，
使底料基质装盘 2 厘米厚，盖籽厚度 0.5 厘米。

② 播种。调节播种流水线上的种子入口，
控制好每张秧盘的种播量。

③ 浇水。浇足底水。

④ 堆置催苗（暗化）。播种后将秧盘堆叠在
一起（最多只能堆叠 15 盘，切记请勿大量堆压
摆放以防止烧苗），再进行地膜覆盖。暗化催芽
24～36 小时，70％～80％ 苗盘大量种子发芽，
使芽破土露头。当大片基质被顶起时，用少量
水喷压或用扫帚轻刷，整理后摆置苗床架上和
目的地。此时温室白天温度高出 28 ℃就开始开
天窗，但天窗不能一次性打开，要慢慢打开。
未出苗前一定不能浇水。

⑤ 摆盘。摆盘时秧盘长边应与秧板短边平行，每行 2 张秧盘，边与边靠紧，平铺于秧板上。此时温室白天温度 25～30 ℃，夜间 20～25 ℃，有利于出苗整齐，温度过低（12 ℃以下），烂芽。

（3）秧苗管理

① 水分管理。整个苗期均应保持基质湿润。

② 炼苗粗壮。播种后 10 天应开始慢慢打开温室的天窗（看温室的温度计和当天的天气情况而定，如果温室的温度计显示 25 ℃天气又是晴天就开始开天窗，天窗不能一次打开，慢慢开启）。

③ 病虫害防控。基质播种前用敌克松消毒，水稻长到 1 叶 1 心喷一次菌立净＋诱抗素，到 2 叶 1 心再喷一次。

④ 起苗移栽。当秧龄达 15～25 天，叶龄不超过 4 叶时，起苗移栽，起苗前应排干硬盘积水，有利于机器插秧。

3. 整地与移栽

（1）整地施肥 大田可采用机械、畜力耕整或除草剂除草后免耕。有机肥需提前翻压。绿肥田，如红花草籽绿肥压初花、兰花草籽绿肥压盛花，全部翻压在土下，盖土要严，促使腐烂发酵，然后翻耕耙匀，压青后 10～15 天插秧；秸秆、落叶、山草、青蒿与人粪尿及少量泥土混合堆制发酵分解后作基肥；菜籽饼、花生饼、大豆饼等饼粕类高含氮量的植物性有机质肥料，必须经腐熟后施用或在水稻移栽前 10 天结合耕整一并施下。全生育期化学肥料在耙田时采用机械一次性施入。

每亩施用缓/控释掺混肥（推荐 24 - 12 - 11 或相近配方，氮肥中应有 25%～30%释放期为 30 天的缓/控释氮素）或稳定性肥料及脲甲醛肥料（推荐 24 - 12 - 11 或相近配方，肥料养分供应期为 30 天）40～50 千克。地力较肥，采用早熟品种时可适当少施肥；地力较瘦，采用中迟熟品种时适当加大肥料用量。缺微量元素（如锌）地区应因缺补缺。

（2）移栽 根据常规稻和杂交稻等不同类型，同时按照不同分蘖能力、不同土壤肥力水平安排不同的密度。在前茬不矛盾的前提下尽量提早移栽，并适当增加栽插密度，亩栽插 2.0 万～2.5 万穴。采用机械插秧，必须是当天起秧当天移栽。

4. 大田管理

（1）水分管理

① 前期。移栽稻田浅水（2 厘米）插秧，寸水（4 厘米）返青，浅水（1.5 厘米）分蘖；

抛栽稻田薄水立苗，湿润扎根分蘖；直播稻田湿润出苗，干干湿湿分蘖。

②中后期。适时晒田，原则是"苗到不等时，时到不等苗"。茎蘖数达到22万苗左右时开始晒田，或最迟不超过5月25日开始晒田。抛秧晒田时间还可以适当提早。晒田时泥脚深、土壤质地重、肥力高的田重晒，泥脚浅的瘦田、沙壤土轻晒。复水后浅水勤灌，保持薄水层（2～3厘米）孕穗，抽穗扬花后干干湿湿灌浆，收获前3～5天断水。孕穗期或抽穗灌浆期若遇高温可灌5～7厘米深水降温。

(2) 中耕除草 插秧后结合追施分蘖肥，施除草剂防除杂草，或者人工中耕除草。

(3) 病虫害的防治 在病虫害防治上更要注意病虫测报信息，采用农业防治、物理防治、生物防治和药剂防治相结合的综合防治，有条件的地区实行统防统治。

(4) 收获 稻谷成熟度达到90%时抢晴收割。收获后及时晒干和风选入库。

三、鄂东南双季晚稻一次性施肥技术集成

本技术适用于鄂东南双季晚稻，针对产量

450～550 千克/亩、氮肥生产效率 40～50 千克/千克的目标制定，供生产中参考使用。

1. 品种选择与种子处理 选用已通过审定，适合当地环境条件的优质高产、抗逆性好、抗病虫能力强的湖北省主推品种，如丰原优 299，鄂晚 17 号等。播种前将种子摊晒 1～2 天，以提高种子发芽率和发芽势。每亩用种 2.0 千克，将晒好的种子用 1‰的生石灰水浸泡 1 天，浸种时使石灰水高出谷种 10 厘米，或者使用强氯精消毒。

2. 育秧

(1) 育秧方式 旱育秧或水育秧。旱育秧用旱地直播或塑料软盘育秧，水育秧在水田实行水整旱育。

(2) 秧田与大田比例 旱育秧按 40 米^2 秧床栽 1 亩大田比例留足。水育秧或湿润育秧按 70～80 米^2 秧床栽 1 亩大田比例留足。塑料软盘育秧按 1 亩大田 434 孔软盘 50 个留足，软盘育秧应注意秧龄不长于 20 天，迟熟晚稻不适宜采用塑料软盘育秧。

(3) 秧田整地与施肥 旱育秧秧床应在播前 10 天进行翻耕，每平方米施腐熟厩肥 5 千克，播种前 2～3 天再次耕耘，每平方米施入腐熟人粪尿 1~2 千克；未施用有机肥则在开秧厢前每亩秧田施氮、磷、钾复合肥（15-15-15）40 千克。整平整细后按厢宽 1.3 米、沟宽 0.3 米、沟深 0.1 米开沟作厢。

水育秧时，播种前 10 天左右每亩秧田施农家肥 2 000 千克后翻耕，播种前 3~5 天再施腐熟人粪尿 750 千克，耕整到田平泥融后按 1.3~1.5 米宽开沟作厢。未施用有机肥则在开秧厢前每亩秧田施氮、磷、钾复合肥（15-15-15）40 千克。

（4）**播期**　根据不同茬口、不同品种的秧龄弹性，实行区别对待。根据品种的安全齐穗期倒推适宜播种期。

（5）**播期与秧龄**　播期为 6 月 10~25 日，迟熟品种早播，早熟品种迟播。软盘抛秧的秧龄 20 天以内，叶龄 5 叶左右。移栽水稻应尽可能在前茬收后及早移栽或抛植。

（6）**浸种催芽**　将消毒处理过的种子进行浸种，种子吸足水分后进行催芽，催芽标准一般为破胸露白。催芽实行"三浸三滤"（昼浸夜滤）。

（7）**播种**　将已露白的谷种均匀撒播后踏谷，使半粒谷入泥，盖覆盖物，做到谷不见天；

软盘育秧，在摆盘前先将秧床浇透水，再摆秧盘，将盘钵压入秧床，盘面与床面持平，做到盘钵入泥不吊气。采用壮秧剂的软盘育秧，要先将壮秧剂营养土装入盘钵的 2/3 再播种，播后覆盖不加壮秧剂的营养土，将盘钵装平，用扫把将盘面扫平，钵与钵之间土不相连，而后浇足水。

（8）**苗床管理** 夏季育秧应当注意防止高温和干旱死苗。旱育秧从播种到立针现青不浇水。现青后，床面发白变干，应及时在早、晚喷水，切忌大水漫灌；水育秧播种到现青，保持沟中有水，厢面无水，现青后，厢面保持薄水层。秧苗 2 叶 1 心时追肥，每亩秧田施尿素 5～7 千克、氯化钾 5 千克。移栽前 3 天左右每亩施尿素 5～7.5 千克。

3. 整地与移栽

（1）**整地施肥** 大田可采用机械耕整，全生育期化学肥料在耙田时采用机械一次性施入。

每亩施用缓/控释掺混肥（推荐 22 - 9 - 12 或相近配方，氮肥中应有 25%～30% 释放期为 40 天的缓/控释氮素）或稳定性肥料及脲甲醛肥料（推荐 22 - 9 - 12 或相近配方，肥料养分供应期为 40 天）50～55 千克。地力较肥，采用早熟品种时可适当少施肥；地力较瘦，采用中迟熟品种时适当加大肥料用量。缺微量元素（如锌）地区应因缺补缺。

（2）移栽或抛栽 根据常规稻和杂交稻等不同类型、品种分蘖能力、土壤的肥力水平安排不同的密度。在前茬不矛盾的前提下尽量提早移栽，并适当增加栽插密度，在前茬收后尽早抢插，栽插密度为每亩 1.6 万～2.0 万穴。采用机械插秧，必须是当天起秧当天移栽。

4. 大田管理

（1）水分管理

① 前期。移栽稻田浅水（2 厘米）插秧，寸水（4 厘米）返青，浅水（1.5 厘米）分蘖；抛栽稻田薄水立苗，湿润扎根分蘖；直播稻田湿润出苗，干干湿湿分蘖。

② 中期。适时晒田，做到"苗到不等时"和"时到不等苗"。当每亩茎蘖数达到 18 万左右时开始晒田，或最迟 8 月 15 日前开始晒田。泥脚深、土壤黏重、肥力高的田重晒，泥脚浅的瘦田、沙壤土轻晒。复水后浅水勤灌，保持薄水层（2～3 厘米）孕穗，抽穗扬花后干干湿湿灌浆，收获前 3～5 天断水。孕穗期或抽穗灌浆期若遇高温可灌 5～7 厘米深水降温。

（2）中耕除草 插秧后结合追施分蘖肥施

除草剂防除杂草，或者人工中耕除草。

（3）病虫害的防治　在病虫害防治上更要注意病虫测报信息，采用农业防治、物理防治、生物防治和药剂防治相结合的综合防治，有条件的地区实行统防统治。

（4）收获　稻谷成熟度达到90％时抢晴收割。收获后及时晒干和风选入库。

四、江苏太湖稻区水稻一次性施肥技术集成

本技术适用于江苏太湖稻区，针对产量≥700千克/亩，氮肥生产效率40～50千克/千克的目标制定，供生产中参考使用。

1. 品种选用和种子处理　选用丰产性好、高抗条纹叶枯病和黑条矮缩病品种，如常优2号、武粳15等。播种前必须对种子进行浸种与消毒。在浸种前先晒种2～3天，用盐水选种（盐水比重1.08～1.12），去除秕粒，再用清水淘洗后浸种；浸种可用1‰生石灰澄清液或多功能专用浸种剂浸种；药剂浸种后需用清水洗净，然后按常规方法将稻种催至破胸露白，芽长不超过1毫米，摊晾备播，以种子抓在手中不黏手为宜。

2. 育秧（机插秧）

（1）**播种期** 5月下旬。秧龄控制在18～20天（确保在4叶期内移栽完毕）。

（2）**育秧方式** 软盘旱育秧。

（3）**秧田准备**

① 播前7～10天清理前茬，干旋1次。

② 用腐熟农家肥1 500千克/亩，复合肥（N、P_2O_5 和 K_2O 含量均为15%）35千克/亩，均匀地撒施在表土。

③ 旋耕碎土，肥料均匀地分布在旋耕层。

④ 在育秧前1～2天做好秧板，宽1.4米，沟宽0.3米，沟深0.15米，并灌水验平，沟水与秧板干面平齐，铲高填低。

（4）**摆放秧盘与装土** 在播种前先将秧盘按每板2张平放于秧板上，秧盘接头部两两靠紧，并在秧板上涂抹一层泥浆，以利秧盘紧贴在秧板上。

（5）**撒播营养土** 土层厚2.5厘米。用平板将盘内土层刮平，与秧盘两边一样高（秧盘高2.5厘米），盘秧靠沟一端用土堆至秧盘上平面，以防秧盘变形。

（6）**盘土吸足水分** 大面积育秧采用沟内灌水至秧盘底部，使盘内土吸足水分，再排出沟中余水，吸水需 2 小时。小面积育秧可洒水浇灌，吸水后盘内土层厚度下降到 2 厘米。

（7）播种 将已浸种的种子按每盘湿种子 130～140 克（或干重 100～120 克，发芽率 90% 以上）匀播在盘内，每平方厘米 2～3 粒种子，播种后在秧盘上撒 0.3 厘米营养土盖种，盘内土层总厚度 2.5 厘米。

（8）秧田的水分管理 在齐苗之前，盘内土保持湿润。齐苗后的水分管理如下：在晴天，秧盘底部灌浅水层，可采取日灌夜排；在阴天，秧板沟内有半沟水；在雨天，秧板沟内无积水。在移栽前 1 天，秧板保持湿润。

（9）病虫害及杂草防治 秧田期根据病虫害发生情况，做好螟虫、稻蓟马、灰飞虱、秧苗稻瘟病等常发性病虫防治工作，同时应经常除杂草，保证秧苗纯度。

3. 整地与移栽（机插秧）

（1）提高大田整地质量 大田整地质量要做到田平、泥软、肥匀。整地后要经过沉淀（一般 1～2 天）再机插，机插带土小苗水深应在 1～2 厘米。

（2）重视起秧、装秧和栽秧技术 起秧运秧时确保秧块完整无伤，装秧时秧块与秧箱配套,以免漏插,栽插时严防漂秧、伤秧、重插、漏插,把缺棵(穴)率控制在 5% 以内,株行距 30 厘米×11.7 厘米,每亩 1.6 万～1.8 万穴,每穴 3～4 苗,基本苗 7 万～8 万。

(3) **施肥** 每亩施用缓/控释掺混肥(16～20 千克 N、5～6 千克 P_2O_5 和 5～6 千克 K_2O,氮肥中应有 25%～30% 释放期为 50～60 天的缓/控释氮素,或稳定性肥料及脲甲醛肥料,肥料养分供应期为 50～60 天)。地力较肥,采用早熟品种时可适当少施肥;地力较瘦,采用中迟熟品种时适当加大肥料用量。鼓励施用有机肥。缺微量元素(如锌)地区应因缺补缺。

4. 大田管理

(1) **分蘖期**

① 水分管理移栽至返青保持浅水层,无效分蘖期多次轻搁田。

② 病虫草害防治根据预测预报重点防治条纹叶枯病、稻纵卷叶螟和水稻螟虫。

(2) **拔节孕穗期**

① 水分管理。间隙湿润灌溉(灌浅水层→自然落干→灌浅水层→自然落干)。

② 病虫害防治。根据预测预报重点防治二代纵卷叶螟和纹枯病等。

（3）灌浆结实期

① 水分管理。间隙湿润灌溉（灌浅水层→自然落干→灌浅水层→自然落干）。

② 病虫害防治。重点防治稻瘟病、稻曲病、稻飞虱、四代纵卷叶螟和纹枯病。

（4）收获 适时收获，在 90％谷粒和穗枝梗变黄时收获。

五、安徽沿淮淮北中籼稻一次性施肥技术集成

本技术适用于安徽省沿淮、淮北地区麦茬中籼稻，针对产量 600～700 千克/亩，氮肥生产效率 40～45 千克/千克的目标制定，供生产中参考使用。

1. 品种选用和种子处理 选择熟期适中，丰产性、抗逆性兼顾和米质优良的杂交水稻品种，如新两优 6 号（皖稻 147）、Ⅱ优 293 和丰两优四号（皖稻 187）等。

浸种前需晒种 2～3 天，以增强种子发芽势，协调种子间的含水量一致，种子出苗整齐一致。盐水选种（盐水比重 1.08～1.12），去除秕粒，用清水淘洗后浸种。用浸种灵或强氯精消毒，采用"日浸夜露"法或一次性浸种催芽法浸种

催芽，确保芽齐、芽壮、发芽率高。

2. 育秧

（1）湿润育秧

① 播期与播量。5月5～10日播种，大田用种1.0千克，秧田亩播种量10千克，苗床与大田比1：10，确保培育多蘖壮秧。

② 秧田选择与整治。选择土壤肥沃、易灌易排田块做秧田。播前1～2天粗整秧田，施肥后及时覆浮泥做成秧田畦面，并保持秧畦沟中有半沟水。

③ 施肥总量。施腐熟饼肥25～30千克/亩、氮肥（N）6～8千克/亩、磷肥（P_2O_5）3～4千克/亩、钾肥（K_2O）3～4千克/亩、硫酸锌1千克/亩。

④ 氮肥品种选择及运筹。基肥亩施碳酸氢铵30千克；在秧苗1叶1心至2叶1心时，对水泼施尿素5～7千克/亩；3～4叶期看苗情施尿素3～5千克/亩；拔秧前2～3天施好起身肥，每亩施尿素6～8千克。

⑤ 播种。播种前，将畦沟中浮泥捞起，做平畦面，定板，待定至落谷入泥适中即可播种。防止热耕热播，烂秧田淤种死苗。播种时按畦定种芽量，实行带秤下田，确保落谷均匀，播

种后及时覆盖草木灰，以达到保湿、增温、补钾的效果。

⑥ 秧田水浆管理。坚持 3 叶期前秧板湿润为主，保证秧苗分蘖所需水分和氧气，防止秧田裂缝，3 叶期起建立水层不断水，做到浅水勤灌。

（2）旱育秧

① 播期与播量。5 月 10～15 日播种，亩播种量 20 千克，苗床与大田比 1：20。确保培育矮壮带蘖秧。

② 秧田选择与整治。选择土壤肥沃、易灌易排田块做秧田。上一年秋冬用农家肥作底肥，深耕冻垡。播前 1～2 天粗整秧田，施肥后及时做成秧田畦面，畦宽 1.3～1.5 米，深浅沟宽度相间，沟宽 35 厘米，沟深 20～30 厘米。

③ 施肥总量。施腐熟饼肥 25～30 千克/亩、氮肥（N）6～8 千克/亩、磷肥（P_2O_5）3～4 千克/亩、钾肥（K_2O）3～4 千克/亩、硫酸锌 1 千克/亩。

④ 氮肥品种选择及运筹。基肥亩施尿素 10 千克；在秧苗 1 叶 1 心至 2 叶 1 心时，对水泼施尿素 5～7 千克/亩；3～4 叶期看苗施，亩施尿素 3～5 千克；拔秧前 3～4 天施好起身肥，每亩

施尿素 6～8 千克。

⑤ 播种。每 3.3 厘米×3.3 厘米落谷 2～3 粒，播种后用木锹压实，使种子三面入土，再盖一层过筛细土，以不见种子为宜，喷湿床面，弓棚盖严薄膜。

⑥ 秧田水装管理。播种前一天下午苗床浇 1 次透水，播种当天再补浇 1 次透水。苗床一般不浇水，发现卷叶可在傍晚浇少许水，炼苗期间注意盖膜防雨。

（3）病虫害防治 秧田期重点突击灰飞虱的防治，因此除了浸种时加吡虫啉外，秧苗 1 叶 1 心期（播后 7～8 天）再防治灰飞虱 1 次，3 叶期前防治秧苗立枯病，移栽前施好起身药，做到带药移栽，用药时要注意保持浅水层，提高防治效果。另外，还要做好对稻蓟马的防治。

（4）化学除草 播后 2～3 天，进行秧田化除 1 次。

3. 整地与移栽

（1）整地 大田整地要求早翻耕，灌水耖平保证泥烂田平，高低落差控制在 3 厘米左右，一般要求移栽前 1～2 天整好，待泥土沉实后移栽。

（2）施肥 每亩施用缓/控释掺混肥（11.5～

13.5 千克 N、3～5 千克 P_2O_5 和 4～6 千克 K_2O，氮肥中应有 25%～30% 释放期为 50～60 天的缓/控释氮素，或稳定性肥料及脲甲醛肥料，肥料养分供应期为 50～60 天）。地力较肥，采用早熟品种时可适当少施肥；地力较瘦，采用中迟熟品种时适当加大肥料用量。若基肥施用了有机肥，可酌情减少化肥用量。缺微量元素（如锌）地区因缺补缺。

（3）**适龄移栽，合理密植** 秧龄控制湿润育秧在 30～35 天，旱育秧在 28～30 天，叶龄在 6.5～7.5 叶内栽插。栽插密度为 17 厘米×24 厘米，即亩栽 1.6 万穴，亩插足基本苗 4.5 万～5.5 万。带土移栽、浅栽、匀栽、栽直，做到栽后就活棵，小分蘖不减少，5～7 天见新蘖。

4. 大田管理

（1）分蘖期

① 水浆管理。栽后 8～10 天，第一次追肥后，待水层自然落干后搁田 2～3 天，促进秧苗扎根，增加土壤氧气，以排除因秸秆还田腐烂产生的其他有毒有害气体，改善根系周边环境，增加根系活力。待晒至早晨见秧苗心叶吐水、色绿、根系白根增多时，开始上薄层水攻蘖。

② 病虫草害防治。5 叶期前一般每隔 3～5

天防蓟马 1 次；移栽前 3～5 天喷药预防稻瘟和白叶枯病，同时兼治蓟马 1 次；栽后 3～5 天防治蓟马 1 次，促进返青活棵，以防大田遭虫害落黄，延长缓苗期而影响大田分蘖，防治水稻纹枯病 1～2 次。

（2）拔节孕穗期

① 水浆管理。晒田时间要坚持"时到不等苗"和"苗到不等时"的原则。一般亩平均总茎蘖苗达到 16 万～18 万为宜，即平均每穴 9～11 个苗，应立即晒田。水稻生育进程推迟，晒田时间也相应推迟，从生育期看，也就是在栽后 20 天左右，一般在 7 月 1～7 日晒田为宜。孕穗至齐穗期间视气温高低确定灌水深浅，温高水宜深，反之宜浅，做到以水调温。

② 病虫害防治。防治水稻纹枯病 1～2 次，防治稻曲病 1～2 次，根据预测预报重点防治稻瘟病和白叶枯病等。

（3）灌浆结实期

① 水分管理。保持浅水层，干湿交替到黄熟，以增加粒重，切不可断水过早。

② 病虫害防治。根据预测预报重点防治稻瘟病、稻曲病、稻飞虱、四代纵卷叶螟和纹枯病。

（4）**收获**　当90％稻谷籽粒黄熟时为收获适期。过早或过迟收获均会影响外观和加工品质。选用能将水稻秸秆粉碎、抛匀的联合收割机。

六、湘北平湖区双季早稻一次性施肥技术集成

本技术适用于湘北平湖区双季早稻，针对产量400～500千克/亩、氮肥生产效率40～50千克/千克的目标制定，供生产中参考使用。

1. 品种选用和种子处理

（1）**品种选择**　选用已通过审定、优质高产、抗逆性好、抗病虫能力强、能够在7月15日前成熟的早中熟品种，如两优287、株两优819、金优974、湘早籼31号、湘早143（优质）、湘早籼24号、湘丰早119、株两优99、株两优505、湘早籼29号、99早677等。

（2）**种子处理**　播种前必须进行种子消毒和浸种。消毒可用强氯精或咪鲜胺溶液或1％生石灰澄清液或专用浸种剂浸种，药剂浸种后需用清水洗净，如种子尚未吸足水分，还需要继续浸种，待吸足水分后再催芽；或者用早稻型种子包衣剂包衣后浸种催芽。按常规进行催芽，

将稻种催至破胸露白后，旱育秧芽长不超过1毫米，湿润育秧根达谷长、芽半粒谷长时，摊晾备播，以种子抓在手中不黏手为宜。

2. 育秧（保温旱育秧或湿润育秧）

（1）旱育秧

① 播种期。为3月25日前后，秧龄控制在20～25天。

② 苗床选择。选择避风向阳、土壤肥沃、疏松、管理方便、地势平坦、排灌好的黏壤土或壤土的稻田或旱地、菜园作苗床。

③ 苗床施肥与整地。旱床秧田施足基肥，氮、磷、钾配合，每亩施25千克25%复合肥（12－5－8），然后整地，整平整细后开沟做厢，开好四周排水围沟，可按1.6～1.8米开厢，厢宽1.2米，厢沟走道宽0.4～0.6米，厢面高10～15厘米，精心平整厢面。播种前秧床用多功能壮秧剂拌细均匀撒施，床土要浇透水，使5厘米以上的土层湿透，然后用少量过筛细土填平厢面。

④ 播种。如果种子发芽率达到90%，常规早稻每亩大田用种量4～5千克，每平方米秧床播200～250克，每亩大田需秧床20～25米^2；杂交早稻每亩大田用种量2.25～2.5千克，每平

方米秧床播 110～120 克，每亩大田需秧床 18～20 米^2，秧龄延长，播量减少。播种后，用低拱地膜覆盖，保温促全苗。

⑤ 苗床管理。

播种至出苗期：以保温保湿为主，膜内温度超过 35 ℃时，要及时打开两头通气降温，并及时盖膜，如发现表土干燥发白，补少量水。若播后 5～6 天长期低温阴雨，膜内空气污浊，应在中午打开农膜两头换气几分钟。

出苗至 1 叶 1 心期：膜内温度应控制在 25 ℃左右，超过时必须打开两头通风降温，并用 20% 甲基立枯灵或 25% 甲霜铜粉剂对水喷雾，以防立枯病。同时，每平方米苗床用 15% 多效唑粉剂 27～30 毫克对清水 130～150 克，搅拌喷雾防徒长。若发现床土发白，可适量喷水。

1 叶 1 心至 2 叶 1 心期：膜内温度应控制在 20 ℃左右。晴天白天地膜全揭开或半揭开，阴天中午打开 1～2 小时，雨天中午打开两头换气 1 次，但不让雨水淋到苗床上，膜内气温低于 12 ℃，应注意盖膜，以防冷害。寒潮期间苗床应保持干燥，即使床土有龟裂现象，只要叶片不卷筒，不必浇水。

2 叶 1 心至 3 叶 1 心期：3 叶时为了适应外

界环境，晴天（白天）可全部打开地膜通风炼苗，除阴雨天外，逐步实行日揭夜盖，2 叶 1 心时应施促苗肥，同时施用敌克松防立枯病。

3 叶 1 心以后：要保持苗床湿润，每长 1 叶追施 1 次肥，以清粪水为主，搭配少量化肥。长龄多蘖秧在 3 叶 1 心期再喷 1 次多效唑控制秧苗徒长。

（2）湿润育秧

① 播种期。为 3 月底到 4 月初。秧龄控制在 30 天以内。

② 苗床选择。宜选择排灌方便、向阳背风、土质松软、杂草少、肥力较高的田块。

③ 苗床施肥与整地。播前 10 天进行翻耕，耕深以 10 厘米左右为宜，整地要求平整、细碎、土壤上糊下松，通透性好。经沉实 1～2 天后，排水晾底，再开沟做厢，一般厢宽 130～150 厘米，沟宽 25～30 厘米，厢面抹平不滞水，无杂草及残茬外露。秧田四周开围沟。秧田底肥用腐熟的人粪尿或土杂肥，用量因季节、肥料、种类、土壤肥力等而定。一般每亩施尿素 5 千克左右，且氮、磷、钾配合施用（$N : P_2O_5 : K_2O = 2 : 1 : 2$）。

④ 播种。如果种子发芽率达到 90%，常规

早稻每亩大田用种量 4～5 千克，每平方米秧床播 200～250 克，每亩大田需秧床 20～25 米²；杂交早稻每亩大田用种量 2.25～2.5 千克，每平方米秧床播 110～120 克，每亩大田需秧床 18～20 米²。分厢定量，均匀播种，播后踏谷，用低拱地膜覆盖，保温促全苗。

⑤ 秧田管理。播种至 1 叶 1 心期，以扎根扶针为主，厢面不上水；以后厢面上浅水，2 叶 1 心期施用"断奶肥"，每亩秧田施尿素 4～5 千克。2 叶期通风炼苗，至 3 叶 1 心时揭膜。注意保温防冻，防止病害发生。起拔秧前 4 天施用送嫁肥，每亩施 4～5 千克尿素。拔秧前 3～5 天喷施一次长效农药，秧苗带药下田。

（3）软盘育秧

① 苗床准备。软盘湿润育秧按常规湿润育秧方法选择秧田，将秧田耙烂耙平、开沟整板、整平推光、露干沉实，一般秧板宽以两片秧盘竖放的宽度为宜。软盘旱育秧选择土质松软肥沃、靠近水源的旱地或菜地作为苗床，按每亩大田需苗床 8～10 米²，做成宽 1.3 米左右的畦，畦与畦之间留 40 厘米宽的沟。摆盘前将床面压平压实，最好铺一层泥土，以便于秧盘与苗床接触紧密。

② 营养土准备与软盘装土。软盘旱育秧将选好的过筛细泥土按每百千克配过磷酸钙 5 千克，已堆沤腐熟的有机肥 50 千克加旱育秧壮秧剂 0.25～0.5 千克充分搅拌均匀制成营养土备用。按每抛栽 1 亩本田备营养土 100 千克，另备 25 千克过筛细土作盖种用。软盘湿润育秧则将厢沟稀泥加多功能壮秧剂混合均匀用于装盘。每亩大田用 513 孔的秧盘 45～50 个，将备好的营养土装盘。

③ 播种。塑盘育秧每孔播破胸露白的杂交稻种 1～2 粒，常规稻种 2～3 粒。播种后，软盘旱育秧盖细土，喷雾浇透水；软盘湿润育秧泥浆踏谷。用低拱地膜覆盖，保温促全苗。

④ 苗床管理软盘旱育秧同旱育秧，软盘湿润育秧同湿润育秧。

3. 整地与移栽

(1) 整地 要求田面平整，土壤膨软，土肥相融，无杂草残茬，无大土块。耕耙深浅一致（各点高差一般不超过 1.5 厘米）。

(2) 施肥 每亩施用缓/控释掺混肥（10.5～12.0 千克 N、3～4 千克 P_2O_5 和 6～7 千克 K_2O，氮肥中应有 25%～30% 释放期为 30～40 天的缓/控释氮素，或稳定性肥料及脲甲醛肥料，肥料养分供应期为 30～40 天）。地力较肥，采用早熟品种时可适当少施肥；地力较瘦，采用中迟熟品种时适当加大肥料用量。鼓励施用绿肥，但需提前 10～15 天翻压。

（3）**移栽** 摆栽或分厢抛栽。播种后 20～25 天，或者在秧苗 3～4 叶期移栽或抛栽。不论是旱育秧（包括软盘育秧）或湿润育秧，都必须当天起秧当天移栽到大田，保证秧苗不过夜移栽。人工插秧要做到浅、匀、直、稳，栽插深度一般不超过 3 厘米，插植密度不低于每平方米 30 穴（2.0 万穴/亩），株行距为 20 厘米×16.6 厘米或 13.3 厘米×23.3 厘米，每穴插 2 粒种子的苗。抛栽分两次进行，第一次将计划抛秧量的 2/3 抛入田中，抛完 2/3 后，每隔 3～4 米，清出一条宽 30～35 厘米的空幅带，留作挖搁田沟或作管理行。然后将剩下的 1/3 秧苗进行第二次抛秧，主要用于补稀、补缺、补边角。最后将留下的少部分秧苗，一厢一厢进行清理，力求分布均匀。如果人工许可，最好采用点抛或者摆栽，以尽量提高抛栽的均匀性。

4. 大田管理

（1）分蘖期

① 水分管理。移栽至返青保持浅水层，以

后保持浅水与湿润相间灌溉，当最大总茎数达到 22 万～24 万/亩时晒田，或达到所需穗数 90％的苗数时开始多次轻搁田，以泥土表层发硬（俗称"木皮"）为度，提高成穗率。

② 病虫草害防治。根据预测预报重点防治二化螟、稻纵卷叶螟、纹枯病、稻飞虱，分蘖末期是关键预防时期。

③ 杂草防除。防除三棱草、蕉草、慈姑等杂草。

（2）拔节孕穗期

① 水分管理。间隙湿润灌溉（灌浅水层→自然落干→灌浅水层→自然落干）。保证湿润孕穗，有水抽穗。早稻生长期间，除水分敏感期和用药施肥时采用浅水灌溉外，一般以无水层或湿润露田为主。

② 病虫害防治。根据预测预报防治，主要防治稻飞虱、稻纵卷叶螟、螟虫、稻瘟病、纹枯病、曲病。抽穗破口前 3～7 天是预防关键时期。

（3）灌浆结实期

① 喷施调节剂或叶面肥。在始穗至齐穗期，晴天傍晚或阴天每亩用谷粒饱 1 包或磷酸二氢钾 150 克加水 40 千克进行叶面喷施。

② 水分管理。有水抽穗，以湿润和浅水相间灌溉干湿壮籽，收获前5～7天脱水。

③ 病虫害防治。根据预测预报防治穗颈瘟、稻纵卷叶螟、稻飞虱等。始穗期是预防重点。

（4）收获 谷粒成熟度达85%～90%时抢晴收割。生产中应尽量避免割青，即不要提前收割。

七、湘北平湖区双季晚稻一次性施肥技术集成

本技术适用于湘北平湖区双季晚稻，针对产量450～500千克/亩、氮肥生产效率40～45千克/千克的目标制定，供生产中参考使用。

1. 品种选用和种子处理

（1）品种选择 选用已通过审定、优质高产、抗逆性好、抗病虫能力强，能够在9月13日以前抽穗的中熟品种，例如金优207、丰源优299等。

（2）种子处理 播种前必须进行种子消毒和浸种，可以先用强氯精浸种12小时后洗净种子，再用80～100毫克/升的烯效唑溶液浸种24小时催芽后播种，或者用晚稻浸种型种子包衣剂包衣后浸种催芽，破胸露白后播种。

2. 育秧 （湿润育秧或塑盘湿润育秧）

（1）**播种期** 适宜播期中熟品种在 6 月 18～20 日，迟熟品种在 6 月 13～15 日，秧龄 25～30 天。

（2）**苗床准备** 选择土壤肥沃、土质松软、杂草少、管理方便、地势平坦、排灌好的稻田或旱地作苗床。湿润秧田整地要求平整、细碎，土壤上糊下松，通透性好。经沉实 1～2 天后，排水晾底，再开沟做厢，一般厢宽 130～150 厘米，沟宽 25～30 厘米，厢面抹平不滞水，无杂草及残茬外露。秧田四周开围沟，便于排灌水。秧田底肥每亩施 20 千克复合肥（16 - 6 - 7），在播种前 1～2 天施入。塑盘盘孔可用秧厢沟中的稀泥与壮秧营养剂混合后装填。

（3）**播种** 如果种子发芽率能够达到 90%，湿润育秧播种量为杂交稻 20 克/米^2，每亩大田用种量 1.5～2 千克，播种时分厢定量，播后踏谷；塑盘育秧的大田用种量相同，一般每亩大田需用 353 孔的塑软盘 65～70 个，每盘播种 21～23 克种谷，播种后泥浆踏谷。争取移栽前秧苗带蘖。迟熟品种应稀播。

（4）**秧田管理** 出苗前厢面不上水，遇大雨可用覆盖物或灌水防雨冲打，雨后及时排水，齐苗后及时揭去覆盖物。在播种前如果没有采用烯效唑溶液浸种，出苗后 1 叶 1 心期在秧厢无水条件下每亩秧田用 15% 的多效唑 200 克，对水 100 千克溶液喷施，喷施后 12～24 小时灌水，以控制秧苗苗高，促进秧苗分蘖。秧苗 2 叶 1 心期，每亩施 5 千克尿素；拔秧前 4 天，每亩施 5 千克尿素作送嫁肥。秧田做好防鼠工作，注意防治稻飞虱、稻瘟病、稻二化螟、稻蓟马等。拔秧前 3～5 天喷施 1 次长效农药，秧苗带药下田。

3. 整地与移栽

（1）**整地** 大田整地要达到"田平，表层泥融，田中杂草净，寸水不露泥"。如果早稻稻草 2/3 还田则提前 1～2 天翻压。

（2）**施肥** 每亩施用缓/控释掺混肥（10.5～12.0 千克 N、3～4 千克 P_2O_5 和 6.0～7.5 千克 K_2O，氮肥中应有 25%～30% 释放期为 30～40 天的缓/控释氮素，或稳定性肥料及脲甲醛肥料，肥料养分供应期为 30～40 天）。地力较肥，采用早熟品种时可适当少施肥；地力较瘦，采用中迟熟品种时适当加大肥料用量。

（3）**宽行窄株移栽或摆栽** 播种后 25～30 天，或者在秧苗 6 叶期前后移栽，秧龄期应不超过 30 天。移栽密度保证每平方米 25 穴（每亩约 1.7 万蔸）以上，采用 13.3 厘米×30 厘米或 16.7 厘米×23.3 厘米的宽行窄株移栽，每穴插 2 株苗。或者按每平方米 25 穴的密度进行摆栽。

4. 大田管理

(1) 分蘖期

① 水分管理。移栽至返青保持浅水层，以后保持浅水与湿润相间灌溉，当苗数达到 18 万～20 万/亩时晒田，或达到所需穗数 85% 的苗数时开始多次轻搁田，以泥土表层发硬（俗称"木皮"）为度，提高成穗率。

② 病虫草害防治。根据预测预报重点防治二化螟、稻纵卷叶螟、纹枯病、稻飞虱。分蘖末期是预防重点。

③ 杂草防除。除治三棱草、蕉草、慈姑等杂草。

(2) 拔节孕穗期

① 水分管理。打苞期以后，采用干湿交替灌溉，保证湿润孕穗，有水抽穗。水稻生长期间，除水分敏感期和用药施肥时采用浅水灌溉外，一般以无水层或湿润露田为主。

② 病虫害防治。根据预测预报防治，主要

防治稻飞虱、稻纵卷叶螟、螟虫、稻瘟病、纹枯病、稻曲病。破口前 3～7 天是预防重点。

（3）灌浆结实期

① 喷施调节剂或叶面肥。在始穗至齐穗期，晴天傍晚或阴天每亩用谷粒饱 1 包或磷酸二氢钾 150 克加水 40 千克进行叶面喷施。

② 水分管理。有水抽穗，以湿润和浅水相间灌溉干湿壮籽，收获前 7～10 天脱水。

③ 病虫害防治。根据预报防治穗颈瘟、稻纵卷叶螟、稻飞虱等。始穗期是预防重点。

（4）收获 双季晚稻应在完全成熟时收割。收割后的稻谷要及时摊晒，做到薄摊勤翻，谷粒干燥均匀。对于优质稻，最好选用竹晒垫进行薄晒勤翻，防止稻米在暴晒时断裂，降低整精米率。

第三节　西南稻区

一、川中丘陵区水稻一次性施肥技术集成

本技术适用于川中丘陵稻区，针对产量 700 千克/亩、氮肥生产效率 50～60 千克/千克的目标制定，供生产中参考使用。

1. 品种选用和种子处理

（1）品种选择 选用丰产性好、抗稻瘟病的优质品种，如川香优9838、川香优8108等。

（2）种子处理 浸种前需晒种2～3天，以增强种子发芽势，协调种子间的含水量一致，种子出苗整齐一致。盐水选种（盐水比重1.08～1.12），去除秕粒，用清水淘洗后浸种。

播种前还必须对种子进行浸种与消毒。消毒可用药剂1%生石灰澄清液或多功能专用浸种剂浸种。药剂浸种后需用清水洗净，如种子尚未吸足水分，还需要继续浸种，待吸足水分后再催芽。按常规进行将稻种催至破胸露白后，芽长不超过1毫米，摊晾备播，以种子抓在手中不黏手为宜。

2. 育秧

（1）播种期 4月上旬。秧龄控制在15～40天（确保在5叶期内移栽完毕）。

（2）育秧方式 旱育秧。

（3）秧田准备 苗床地以土壤有机质丰富，质地疏松，排灌条件好，管理方便的蔬菜地为佳。对pH较高的苗床地应提前7～10天施入硫黄粉调酸。种子播前应用药剂浸消毒，催芽至露白。

（4）**播种** 播种量控制在每平方米苗床15～25克为宜。播种前苗床内泼浇充足水分，以确保全苗、齐苗。

（5）**秧田管理** 揭膜炼苗补水。齐苗后，在第一叶完全抽出0.8～1.0厘米时揭膜炼苗。揭膜要求：晴天傍晚揭，阴天上午揭，小雨雨前揭，大雨雨后揭。若揭膜时最低温度低于10℃时可适当推迟揭膜时间。揭膜当天补1次足水，而后缺水补水，保持床土湿润，不应干而发白，秧苗晴天中午也不应卷叶。秧田集中地块可灌平沟水，平时沟里保持半沟水。零散育秧可采取早晚洒水补湿。移栽前2～3天控湿炼苗。控水方法：晴天保持半沟水，阴雨天排干秧沟积水，雨前盖膜挡雨，通过炼苗促进秧苗盘根，增加秧苗块拉力，便于机插。

（6）**病虫害及杂草防治** 秧田期根据病虫发生情况，做好螟虫、稻蓟马、灰飞虱、苗稻瘟病等常发性病虫防治工作；同时应经常除杂草，保证秧苗纯度。

3. 整地与移栽

（1）**开厢** 在距上下田埂1.5米处起宽25

厘米左右、深 20～30 厘米的围沟，以见犁底层为最好。对面积较大的沟槽田，在田的正中开一道宽 25 厘米左右、深 20 厘米左右的腰沟。厢沟宽 20 厘米左右、深 15 厘米左右，厢面宽度 145 厘米，开沟铲起的泥土均匀撒放于厢面，打碎泥块，达到田平泥融。整田前，均匀撒施腐熟的农家肥，清除田中硬物和未腐熟秸秆。

（2）**施肥** 在整平厢面前，一次性全层配方施肥，重施底肥，多施农家肥。一般中等肥力田块，每亩施尿素 18～22 千克、过磷酸钙 30～40 千克、氯化钾 5～7 千克、硫酸锌 1.0～1.5 千克。施农家肥的应适量减少化肥用量，肥料与厢面土壤充分混合均匀。

（3）**薄膜** 为节约投资，方便操作，可选用 0.004 毫米厚、170～180 厘米宽，质量为一级的超微膜，一般每亩用量为 3.3～3.5 千克。厢面平整后，以滚动膜捆的方法覆膜，使地膜紧贴厢面泥土，不被风刮起且不留任何空隙，以防膜下长草。

（4）**膜上打孔** 覆膜后 3～7 天，等地温提高到 12 ℃时再用特制的大三围打孔器打孔。行窝距为 40～50 厘米，每厢栽 4 行，每窝以三角形方式栽 3 苗，苗间距 10～12 厘米。土壤肥力差，容易受旱的田块可适当增大密度。

(5) **移栽**　覆膜后，选择阴天或晴天下午移栽，确保秧苗尽快成活。根据茬口的不同将秧龄控制在 15～40 天，移栽期尽量提前。每穴栽 1 苗。

4. 大田管理

(1) **分蘖期**

① 水分管理。在水稻移栽后保持沟中有水、膜面无水，严禁串灌、深灌。大雨过后要及时排掉厢面水层，确保覆膜对土壤的增温效应。

② 病虫草害防治。重点抓好纹枯病、稻纵卷叶螟、二化螟等的防治。选择对口农药，做到及时有效地防治。

(2) **拔节孕穗期**

① 肥料管理。对后期脱肥的田块，可用尿素作根外追肥，浓度一般以 1.5%～2.0% 为宜，亩用尿素溶液 50～70 千克。对于脱肥严重的田块，可灌淹 2～3 厘米深的水，亩撒施尿素 4～5 千克，让水自然落干即可。

② 水分管理。间隙湿润灌溉。

③ 病虫害防治。根据预测预报重点防治二代纵卷叶螟和纹枯病等。

（3）灌浆结实期

① 水分管理。间隙湿润灌溉。

② 病虫害防治。根据预测预报防治稻瘟病、稻曲病、稻飞虱、纵卷叶螟和纹枯病。

（4）收获

① 适时收获。在收获前 15 天排水晒田。水稻成熟后要及时抢晴天收割，收割时要做到低留稻茬，方便地膜回收。

② 回收地膜。为防止地膜对土壤的污染，水稻收获后要及时揭膜，彻底清除残膜。

二、渝西和渝中地区中稻一次性施肥技术集成

本技术适用于渝西和渝中地区，包括渝西地区的荣昌、大足、永川、潼南、铜梁、合川、璧山、双桥、北碚、渝北、沙坪坝、九龙坡、大渡口、南岸、江北、江津、巴南，渝中地区的长寿、垫江、梁平、忠县、万州等县市。针对水稻产量 650～700 千克/亩、氮肥生产效率 60～70 千克/千克的目标制定，供生产中参考使用。

1. 育秧技术

(1) 品种选用和种子处理

① 品种选择。选用已通过审定，适合渝西和渝中丘陵生态环境栽培的优质高产、抗逆性好、抗病虫能力强的高产品种，可选用 Q 优 6 号、准两优 527、渝优 1 号、庆优 108、川丰 6 号、Y 两优 Ⅰ 号、丰两优 1 号等重庆市主推品种。

② 种子处理。未包衣种子在播前需要晒种 2～3 天，以增强种子发芽势，确保种子出苗整齐；然后进行盐水选种（盐水比重 1.08～1.12），去除秕粒，用清水淘洗后进行消毒和浸种。在晒种、选种后进行消毒催芽。每千克种子用强氯精 1 克对水浸种或 1‰ 生石灰澄清液或多功能专用浸种剂浸种消毒 12 小时后冲洗干净，如种子尚未吸足水分，还需要继续浸种，待吸足水分后再催芽。按常规将稻种催至破胸露白后（芽长不超过 1 毫米），摊晾（摊晾后以种子抓在手中不黏手为宜）备播。

(2) 播种时间 根据气候条件、海拔高度、不同茬口选择适时早播，不同生态亚区的适宜播种期见表 6 - 2。

表 6-2 渝西和渝中区域水稻播种和
移栽时间推荐

区域	生态亚区	水稻播期	水稻移栽期
渝西地区	400 米以下河谷浅丘区	2 月 25 日至 3 月 5 日	冬闲或菜田 4 月 5～15 日
			水旱轮作田 4 月 25 日至 5 月 5 日
	400 米以上深丘区	3 月 5～15 日	冬闲或菜田 4 月 15～25 日
			水旱轮作田 5 月 5～15 日
渝中地区	500 米以下浅丘平坝区	2 月 5 日至 3 月 15 日	冬闲或菜田 4 月 5～20 日
			水旱轮作田 4 月 25 日至 5 月 10 日
	500 米以上深丘低山区	3 月 5～20 日	冬闲或菜田 4 月 15～25 日
			水旱轮作田 5 月 5～15 日

（3）机插育秧

① 苗床和营养土的准备

苗床准备：选择排灌方便、背风向阳、运秧方便、肥沃疏松的菜园地或耕作熟化的旱地作苗床，移栽 1 亩大田备苗床 6～8 米^2，按 2 米开厢整地，厢面净宽 1.4～1.5 米、厢高 0.25米，平整厢面备用。

秧盘准备：每亩大田准备机插育秧软盘16～20 张。软盘标准为内腔长（580±1）毫米，内腔宽（280±1）毫米，内腔高（30±1）毫米，壁厚（0.15±0.02）～（0.3±0.02）毫米，净质量≥50克。

营养土配置：将选好的过筛细泥土按每100千克土配过磷酸钙5千克，堆沤腐熟的有机肥50千克、旱育秧壮秧剂0.25～0.5千克，搅拌均匀制成营养土备用。每移栽1亩本田备营养土100千克，另备25千克过筛细土作盖种用。

②装盘播种

摆放秧盘与装土：在摆秧盘前先将秧床浇透水，顺秧床平铺秧盘，将盘钵压入秧床，做到盘钵入泥不吊气。再匀铺营养土于盘内，土层厚度2.5厘米，用1000～1500倍敌克松液喷洒消毒，洒水浇灌，让盘土吸足水分。

精量播种：根据表6-2选择适时的播种期，将已催芽破胸种子（包衣种子不再催芽）按每盘50～60克均匀播于盘内，播后覆盖不加壮秧剂的营养土0.3～0.5厘米，以细土盖住种子为度，用扫把将盘面扫平，盘与盘之间土不相连，再用喷雾器将细土喷湿，注意勿将种子冲移位。

双膜覆盖：贴地覆盖一层微膜，再搭小拱棚用地膜盖实盖严，以保温保湿，提高发芽率，确保出苗整齐。

③苗床管理。播种至出苗期以保温保湿为

主，当膜内温度超过 35 ℃时注意通风降温。出苗至 1 叶 1 心期，以调温控湿为主，促根下扎，膜内温度保持在 25 ℃以内。在出苗现青时揭去微膜，第一完全叶抽出 0.8～1.0 厘米时揭膜通风炼苗，揭膜当天补 1 次足水，以后则缺水补水，保持床土湿润而不发白，秧苗晴天中午也不卷叶。

1 叶 1 心时喷施 3％广枯灵水剂 1 000 倍液防治立枯病，或每平方米用 70％敌克松 25 克，对水 1.5 千克喷雾，以防立枯病。1 叶 1 心至 2 叶 1 心期，逐步通风炼苗降湿，膜内温度保持在 20 ℃左右。2 叶 1 心期前追施断奶肥，每平方米追尿素 3～5 克，对水 1 000 倍均匀喷雾，并喷清水洗苗。2 叶 1 心期后加强炼苗，逐步全部打开棚膜。移栽前 3 天追施"送嫁肥"，与断奶肥用量相同。

移栽前 1 周内严禁淹水，控湿炼苗，促进秧苗盘根，增加秧块拉力，便于卷秧与机插。栽插前 1～2 天，用 20％的三环唑 750 倍液喷苗，预防稻瘟病。

（4）人工栽插旱育秧

① 苗床选择与培肥。选择土壤肥沃、疏松、管理方便、地势平坦、排灌好的微酸性菜园土

作苗床。按照苗床与大田比 1:（20～25）准备苗床，确保培育矮壮带蘖秧。旱育秧苗床的土壤 pH 要求 6 以下，土壤 pH 在 6 以上应用硫黄粉于播种前 25～30 天均匀撒于苗床表面，同时每亩施入腐熟的农家肥 2 000～3 000 千克进行苗床培肥和调酸，翻耕混合均匀。

②苗床施肥与整地。播前 3～5 天施足底肥，其中氮肥（N）4～5 千克/亩、磷肥（P_2O_5）3～4 千克/亩、钾肥（K_2O）3～4 千克/亩，然后进行精细整地，按厢宽 1.3～1.5 米、沟宽 0.3～0.5 米、沟深 0.25 米开沟做厢，平整厢面，同时开好四周排水围沟。

③苗床浇水与消毒。播种前对整好的苗床土要浇透水（5～10 千克/米^2），使 5 厘米以上的土层湿透，然后用少量过筛细土填平厢面。同时用敌克松粉剂 2.5 克/米^2（或 50％甲霜铜粉剂）对成 1 000 倍液喷洒苗床，进行土壤消毒。

④播种。根据当地的气候条件按照表 6-2 进行适时播种，根据秧龄要求确定播量（如水旱轮作田移栽大苗、冬水田移栽小苗），小、中、大苗秧每平方米播种量分别为 80～100 克、70～80 克和 50～60 克。播后压种入泥，再用未

加壮秧剂的过筛细土盖种 1～2 厘米（不露种为度），浇透水后盖膜，贴秧地表面盖一层微膜后，再搭拱架盖第二层膜，以保温保湿，提早出苗。

⑤ 苗床管理

播种至出苗期：以保温保湿为主，若膜内温度超过 35 ℃时，要及时打开两头通气降温，并及时盖膜，如发现表土干燥发白，应补少量水。

出苗至 1 叶 1 心期：膜内温度应控制在 25 ℃左右，超过时必须打开两头通风降温，并用 20％甲基立枯灵或 25％甲霜铜粉剂对水喷雾，以防立枯病。同时，每平方米苗床用 15％多效唑粉剂 27～30 毫克对清水 130～150 克，搅拌喷雾防徒长。若发现床土发白，可适量喷水。

1 叶 1 心至 2 叶 1 心期：膜内温度应控制在 20 ℃左右。晴天、白天地膜全揭开或半揭开，阴天中午打开 1～2 小时，雨天中午打开两头换气 1 次，但不让雨水淋到苗床上，膜内气温低于 12 ℃，应注意盖膜，以防冷害。寒潮期间苗床应保持干燥，即使床土有龟裂现象，只要叶片不卷筒，都不必浇水。

2 叶 1 心至 3 叶 1 心期：3 叶时为了适应外界环境，晴天白天可全部打开地膜通风炼苗，除阴雨天外，逐步实行日揭夜盖，2 叶 1 心前后追施"断奶肥"，每平方米追尿素 3～5 克，对水1 000 倍均匀喷雾，并喷清水洗苗。同时，施用敌克松防立枯病。

3 叶 1 心以后：要保持苗床湿润，每出 1 叶按"断奶肥"用量施肥，移栽前 3 天追施"送嫁肥"，与"断奶肥"用量相同。移栽前 1～2 天，用 20％的三环唑 750 倍液喷苗，预防稻瘟病。

2. 大田管理技术

(1) 整地与移栽

① 整田。利用旋耕机或人畜翻耕平整本田，田块内高低落差不大于 3 厘米，耕整后稻田搁置1～2 天沉实泥浆（沙壤质土沉实 1 天，黏土 2天）。整地质量要达到"高低不过寸，寸水不露泥，表层有泥浆"的标准。

② 施肥。每亩施用缓/控释掺混肥（9～12千克 N、4～6 千克 P_2O_5 和 6～8 千克 K_2O，氮肥中应有 25％～30％释放期为 50～60 天的缓/控释氮素，或稳定性肥料及脲甲醛肥料，肥料养分供应期为 50～60 天）。提倡施用有机肥或秸秆还田。

③ 适龄移栽，合理密植。

插秧：秧苗叶龄 3.5～4.0 叶时选择晴天或

阴天起秧机插，避开寒潮天气，以免推迟返青；起秧及运秧注意防止伤秧或秧块变形断裂，做到随起、随运、随插；机插时田间保持 1～2 厘米的浅水层。栽插行穴距为 30 厘米×（17～20）厘米，亩栽 1.1 万～1.3 万穴，平均每穴 2 粒谷苗，漏插率小于 5%；均匀度合格率在 85% 以上；机械作业覆盖面在 95% 以上；秧块插深 1～1.5 厘米，不漂不倒。连续缺穴达 3 穴以上的要实行人工补插。

冬闲田手插：苗龄 4.0～4.5 叶时移栽，宽窄行栽培，宽行行距 40 厘米、窄行行距 20 厘米；穴距 17～20 厘米，亩栽 1.1 万～3 万穴，每穴栽植 2 粒谷苗。

水旱轮作田栽插：稻—菜轮作田在叶龄 4～5 叶移栽，栽插密度与冬闲田一致，每亩 1.1 万～1.3 万穴；稻—油轮作田在叶龄 6～7 叶移栽，稻—麦轮作田在叶龄 6～8 叶移栽，宽行窄株栽培，行距 30 厘米；穴距 15～18 厘米，每亩 1.2 万～1.5 万穴，穴植 2 粒谷苗。

（2）分蘖期

① 除草及病虫害防治。有杂草的田块可将除草剂与分蘖肥一并施用；根据预测预报重点防治水稻螟虫、稻纵卷叶螟和条纹叶枯病。

② 水分管理。湿润立苗，薄水分蘖，全田总茎蘖数达到计划穗数的 90％时排水晒田，控制无效分蘖，促进通风，增气养根。

（3）拔节孕穗期

① 病虫害防治。根据预测预报重点防治二代稻纵卷叶螟和纹枯病等，此期田间群体大，纹枯病特别容易滋生，应注意防治。

② 水分管理。间隙湿润灌溉（灌浅水层→自然落干→灌浅水层→自然落干），孕穗期注意复水后浅水勤灌，保持浅水孕穗。

（4）灌浆结实期

① 防治病虫。此期注意防治穗颈瘟、稻纹枯病、稻飞虱、稻纵卷叶螟等中后期病虫害。

② 水分管理。中、后期灌排水条件好的可间歇灌水；乳熟期保持浅水层，水稻黄熟期保持湿润状态。

（5）收获　在 90％谷粒变黄时收获，稻草全部还田。

第四节　东北稻区

本技术主要适用于黑龙江农垦寒地水稻，针对亩产 600 千克左右，氮肥生产效率 80 千克/

千克的目标制定，供生产中参考使用。

1. 品种选择 根据气候条件、品种状况和栽培水平确定水稻品种，如垦稻 10 号（第一积温带），垦稻 12 号和垦鉴稻 6 号（第二积温带），空育 131（第三积温带），垦稻 9 号和三江 1 号（第四积温带）。

2. 旱育秧苗

(1) 育苗前准备

① 旱育标准秧田地设置。选择地势平坦、背风向阳、排水良好、水源方便、土质疏松肥沃的地块，床高 20～30 厘米、床宽 7～7.5 米、棚间距 13 米秧田内建成具有井（水源）、池（晒水池）、床（秧床地）、路（运输道路）、沟（排水及引水沟）、场（堆肥场、堆床土场）、林（防风林）等基本设施。

苗床地进行秋整地，秋做床；秧田常年固定，常年备床土（2.5 米³/公顷），常年培肥地力，常年制造有机肥和培养床土（0.5 米³/公顷），每亩本田需育秧田 6.7～8 米²。采用开闭式大中棚育苗，中棚的棚宽 5～6 米、高 1.5 米、长 30～40 米，钢管大棚的棚宽 6～7 米、高 2.2 米、长 60 米。

② 整地做床。秋施农家肥，秋整地秋做床，

高出地面 8～10 厘米。早春除雪晾地，大中棚 3 月下旬扣膜，然后清除根茬，打碎坷垃，整平床面，每平方米施腐熟优质有机肥 8～10 千克、尿素 20 克、磷酸二铵 50 克、硫酸钾 25 克，均匀撒施并耙入置床 3～5 厘米土层内。摆盘播种前用 1% 硫酸水调酸，使土壤 pH 达到 4.5～5.5，5 小时后用 70% 土菌消可湿性粉剂每平方米 1.3 克，加水 3 升进行消毒。

③ 床土配置。置床土按 3 份过筛土、1 份腐熟有机肥棍拌均匀，壮秧剂调酸、消毒。将壮秧剂与 1/4 左右的床土混拌均匀做成小样，再用小样与其余床土充分拌匀，堆好盖严备用，2 天后摆盘装土，测 pH，未达到标准用酸水补调至 pH 为 4.5～5.5。

④ 床土消毒（防立枯病）。消毒前浇足底水，施药消毒后使床土达到饱和状态，一般用 30% 瑞苗青、30% 土菌消或 3% 育苗灵等。

（2）种子及其处理

① 种子质量。种子以纯度不低于 99%、净度不低于 98%、发芽率不低于 90%（幼苗）、含水量不高于 14.5% 为标准，每 2 年更新 1 次。

② 晒种。选择晴天（切忌烈日下暴晒），将种子堆成 3～5 厘米薄层，晾晒 1～2 天，每天翻

动 3～4 次。

③ 浸种消毒（防治恶苗病）。按每亩本田用 3 千克种子，用 5～6 千克水，加入 25％施保克乳油 2 毫升或 35％恶苗灵 20 克混匀，水温保持 11～12℃，浸种消毒 8～9 天。稻壳颜色变深，稻谷呈半透明状态，透过颖壳可以看到腹白和种胚，米粒易捏断，手碾呈粉状，没有生心。

④ 催芽。浸好种子堆好，浇温水在 30～32℃堆温下破胸，在适温 22～25℃催芽，根芽露出 1 毫米左右呈"双山"形为准，在阴凉处晾芽待播。

（3）播种

① 播种期。旱育中苗最佳播种期为 4 月 15～20 日间；三膜覆盖（大棚膜、小棚膜、地膜）可在 4 月 5～15 日间播种。

② 播种量。一般手插旱育中苗，每平方米（6 盘）芽种（发芽率 90％以上，下同）250～300 克，盘育机插秧每平方米播芽种 500～600 克。抛秧或摆栽用旱育钵苗，其播种量按每个钵体播芽种 3～5 粒确定播种量。

③ 播种方法。用播种器播种，根据播量调整播种器，进行播种。人工播种时要按 2 次均匀播下，第一次播种量为 50％，第二次边播边

找匀。

④ 覆土。播后压种，使种子三面入土，然后用腐殖土或旱田肥土覆盖，覆土厚度以盖严种子为宜，厚度为 0.7～1.0 厘米。

(4) 秧田管理

① 种子根发育期。播种后到完全叶尖抽出，时间一般为 7～9 天，管理的重点是促发种子根健壮生长，长得粗长，须根多、根毛多。

水分管理：控制秧田水分，不宜过多。在浇足底水的前提下，种子根发育期一般不浇水。若发现地膜下有积水或土壤过湿，在白天移开地膜，使水分尽快蒸发，晚上盖上地膜。若发现出苗顶盖现象或床土变白水分不足时，要敲落顶盖，露种处适当覆土，用细嘴喷壶适量补水，接上底墒，再覆以地膜。

温度管理：以密封保温为主，最适温度 25～28 ℃，最低温度不低于 10 ℃；若遇 33 ℃以上高温，应打开秧棚两头通风降温，下午 4:00～5:00 时关闭通风口。

防鼠、防蝼蛄：发现苗床有蝼蛄虫道及时喷洒 2.5% 敌杀死 2 毫升，对水 6 千克；或 5% 锐劲特悬浮剂 10～20 毫升，对水 30 千克；或 5% 锐劲特 10～20 毫升，对水 150 毫升与稻糠 4

千克制成药液防除，有鼠害时床周撒施防鼠剂。

异常现象原因及处理：烂种的原因是催芽温度过高或覆土过深。烂芽的原因主要是低温、水多、缺氧，有机质过多或施未腐熟有机肥料，病菌侵入而产生芽腐。对此要选用发芽率高的种子，适温催芽，施腐熟的肥料，不过早播种，还要防止床土过湿。发现烂秧（烂种、烂芽）时，可每平方米苗床用硫酸铜 1：1 000 混合液25 千克喷施床土。

出苗不齐可能是选种不严格、浸种消毒不好、催芽不整齐、覆土过厚、床土过干、置床不平等原因造成的；楔子苗可能是选种不严造成的；白芽主要因为撤地膜过晚、苗床湿度大、温度低、光照强度弱等，可通过晾床增温，除去地膜，提高光照来尽快缓解。

② 第一完全叶伸长期。从第一完全叶露尖到叶枕抽出、叶片完全展开，一般 5～7 天管理的重点是地上部以调温控水，控制第一叶鞘高度不超过 3 厘米，地下促发鞘叶节 5 条根系。

水分管理：这段时间耗水量较少，一般要少浇水或不浇水，床土保持旱田状况。在撤地膜后，床土过干处用喷壶适量补水。要注意"三看"浇水：一看土面是否发白和根系生长状况；二看早、晚叶尖吐水珠大小；三看午间高温时新叶是否卷曲，如床土发白、早晚吐水珠变小或午间新叶卷曲，要在早晨 8:00 左右，用16 ℃以上的水适当浇水，一次浇足。

温度管理：苗尖下 1 厘米处的温度控制在22～25 ℃，最高不宜超过 28 ℃；晴天自早 8:00到下午 3:00，应打开苗棚两头或设通风口，炼苗控长；若遇冻害早晨提早通风，缓解冻叶萎枯。

防立枯病：出苗 80% 时撤出地膜，用 pH 4的酸水普浇 1 次。当秧苗 1 叶 1 心浇第一遍水时，连同杀菌剂一起浇入苗床。

③ 离乳期。从 2 叶露尖到 3 叶展开，经10～14 天。管理的重点是地上部要控制第二叶鞘高在 4 厘米左右（1、2 叶叶耳间距 1 厘米左右），第二叶鞘高在 5 厘米左右（2、3 叶叶耳间距 1 厘米左右），地下部促发不完全叶节 8 条根健壮生长。

水分管理：同上。

温度管理：2 叶期苗尖下 1 厘米处温度控制在 22～24 ℃，最高不超过 25 ℃；3 叶期苗尖下1 厘米处温度控制在 20～22 ℃，最高不超过25 ℃。若遇到连续低温过后晴天时，要提早开口通风，并浇喷 pH 4.5 的酸水，防止出现立枯病。2 叶期超过 25 ℃时裙布上侧增加通风口，逐渐增大通风量；2.5 叶后根据温度情况，转入昼揭夜盖，最低气温高于 7 ℃时可昼夜通风。

苗期追肥：秧苗 2.5 叶龄期发现脱肥，每平方米用硫酸铵 1.5～2.0 克、硫酸锌 0.25 克稀释 100 倍液叶面喷肥。

异常现象原因及处理：1、2 叶耳间距和 2、3 叶耳间距超过 1 厘米，主要原因是高温多湿。根少的主要原因是水分多、地温低。发生立枯病主要是土壤消毒、调酸未到位，低温过后遇高温。对已发生的一丛一块的立枯病，要立即喷施酸水及瑞苗青药液（或撒施少量壮秧剂），进行封闭防治。小老苗的主要原因是苗床温度过低，温度过低时大中棚内要熏烟、小棚内点油灯增温防冻。2.5 叶期温度一定控制在 25 ℃以内，否则可能出现早穗现象。

④ 移栽前准备期。对适龄秧苗在移栽前 3～4 天，进入移栽前准备期，在不使秧苗蔫萎的前提下，进一步控制秧田水分，蹲苗、壮根，使秧苗处于饥渴状态，以利于移栽后发根好、返青、分蘖早。

⑤ 三带下地。带肥，每平方米苗床施磷酸

二铵 125～150 克；带药，每 100 米² 苗床用
40%乐果 7.5 毫升加 6 千克水喷洒，预防潜叶
蝇；带增产菌，按产品说明施用。

⑥ 苗期主要病害防治。恶苗病是一种种传
病害，是指植物病害的病原物以种子（种苗）
作载体或媒介传播为害新生植物体，导致新生
植物体局部或整体发病，病原菌为串珠镰孢菌。
用 25%施保克 25 毫升＋0.15%天然芸薹素 20
毫升浸 100 千克种子（水温 11～12℃，浸种 8～
9 天）防治。

立枯病是一种土传病害，床土调酸、消毒
是旱育苗防御立枯病的主要措施；寒害病是旱
育秧田常见的病害，土壤消毒不彻底、气候失
常（持续低温或气温忽高忽低）和苗期管理不
当等有利于此病发生，床土调酸和土壤消毒是
预防寒害病的主要措施。

⑦ 苗期除草。秧苗叶龄 1.5～2.5 时，用
10%氰氟草酯 60～80 毫升/亩，或 10%氰氟草
酯 60 毫升＋48%灭草松 160～180 毫升/亩进行
防治。

⑧ 标准壮秧诊断。根旺而白：移栽时秧苗
的老根移到本田后多半会死亡，只有那些新发
的白短根才会继续生长，生产上旱育壮苗根系

不少于 10 条，所以白根多是秧田返青的基础；扁蒲粗壮的秧苗，腋芽发育粗壮，贮存的养分较多，有利于早分蘖；苗挺叶绿；秧龄（3.1～3.5）足龄不缺龄，适龄不超龄；秧苗均匀整齐，高矮一致，粗细一致，没有楔子苗、病苗和徒长弱苗等。

3. 本田耕整地

（1）**准备** 整地前要清理和维修好灌排水渠，实行单排单灌系统，每个池田面积 700～1 000 米² 为宜，减少池埂占地，保证畅通。井灌区设晒水池，晒水池面积应占灌溉稻田面积的 3%，池底与地面相平，水深 0.5 米左右，池内设隔水墙。井灌区的灌水渠要采用宽浅式渠道，利用浅水增温。

（2）**耕翻地**

① 常规处理。一般在秋季翻地，土壤适宜含水量为 25%～30%，耕深 15～18 厘米；秋季或春季旋地。

② 稻草处理。水稻霜前收获秸秆，秸秆粉碎长度 15～30 厘米，秋季浅翻。稻草粉碎适当短些，以 15 厘米左右为宜；深翻则可适当长些，以 30 厘米左右为宜。机收割损失率小于 2%。

③ 秋耕地稻草翻埋。水稻秸秆还田，翻耕

掩埋效果最好，结合轮耕进行秸秆还田的方式为：第一年翻耕，第二年旋耕，第三年旋耕（深松）。可在翻或浅翻年度进行秸秆还田。秋耕地在秋收后土壤含水量在 30% 左右即开始，至地面达到封冻状态停止作业。

④ 旱整平。用大型拖拉机旱整平，根据地的落差情况筑埂，埂高沉实后要保证 30 厘米左右。筑埂后及时泡田，进一步加固池埂，并进行水整地，使同一池内的高低差不超过 5 厘米，不剩边角。

（3）**泡田** 在整地前 2～3 天灌水泡田，池内 2/3 有水，1/3 露堡，缓水慢灌。移栽前进行封闭灭草，水层控制在 3～5 厘米，保水 3～5 天。井灌区要灌、停结合，盐碱土稻区要大水泡田洗盐。

（4）**整地**

① 常规整地。旱整地与水整地相结合，旋耕田只进行水整地。旱整地要旱耙、旱平、整平堑沟，结合泡田打好池埂；水整地要在插秧前 5～7 天进行，整平耙细，做到池内高低不过寸，肥水不溢出。

② 粉碎稻草。水整地粉碎的稻秸经秋季翻耕、春季水整地，必须配合搅浆平地机掩埋，

否则漂草。同时，注意必须顶凌整地，土层化冻过深，超过 15 厘米不利整地。

③ 高留茬稻草。水整地经秋季深翻后，春季先旱旋一遍再放水整地。旱旋前施基肥。

（5）**施肥** 水整平后施基肥，再进行一次水耙地，将肥料混拌在 10～12 厘米耕层中，做到全层施肥。每亩施用缓/控释掺混肥（5.5～8.5 千克 N、2.5～4.0 千克 P_2O_5 和 2.5～3.5 千克 K_2O，氮肥中应有 25%～30% 释放期为 50～60 天的缓/控释氮素，或稳定性肥料及脲甲醛肥料，肥料养分供应期为 50～60 天）。提倡施用有机肥或秸秆还田。有条件的可以施些硅肥，能提高水稻抗病能力。

（6）**封闭除草** 插秧前水整地后第一次封闭灭草，选择安全性高、防效好的除稗剂、有机磷类（阿罗津）、酰胺类（苯噻草胺）、磺酰脲类乙氧磺隆（太阳星）、环丙嘧磺隆、灭草松、恶草酮（农思它）二氯喹啉酸、四唑草胺（拜田净）。施药时期为插秧前 5～7 天，用毒土法或甩喷法，水层 3～5 厘米，保水 5～7 天。等水自然渗至"花达水"状态进行插秧。

4. 插秧

（1）**插秧时期** 日平均气温稳定通过 12～

13 ℃时开始插秧，黑龙江垦区 5 月 15～25 日为移栽高产期，5 月 10～15 日及 5 月 25～31 日为移栽平产期，过早或过晚对产量不利。

（2）**插秧规格**　中等肥力土壤，行穴距为30 厘米×13.3 厘米（9 寸×4 寸）；高肥力土壤，行穴距为 30 厘米×16.5 厘米（9 寸×5 寸），每穴 3～5 棵基本苗。

（3）**基本苗**　壮苗要稀些，弱苗要密些；地力水平较高的地应稀些，较低的应密些。调整的范围：100～120 苗/米^2，25～30 穴/米^2。

（4）**插秧质量**　为保证水稻返青快、分蘖早，提高产量，插秧时要做到浅、直、匀、齐。同时注意：

① 忌过早过晚栽秧。最好在每年的 5 月15～25 日的高产期移栽。

② 忌栽深水秧。

③ 忌秧苗插得过深，一般 2 厘米为好，过深低节位分蘖少，减少穗数，降低产量。

④ 忌隔夜备秧。

5. 本田叶龄标准计划管理

（1）分蘖期管理

① 返青期诊断。移栽后，当晴天中午有50％植株心叶展开为返青期。

② 4叶期诊断。机插中苗返青即出生4叶，也叫返青叶片，叶长11厘米左右，株高17厘米左右，茎数应有10%的1叶分蘖露尖。

③ 5叶期管理。最晚出叶日期为6月10日，叶长16厘米左右。叶片色应浓于叶鞘，叶态以弯/披叶为主，5叶龄（12片叶品种为6叶龄）田间茎数达计划茎数的30%左右（160个茎）。注意防治潜叶蝇。

④ 分蘖期除草。在水稻5.5叶期根据苗情、草情进行第二次灭草，选择安全性高的杀稗剂。稗草叶龄在1.5叶期以前使用酰胺类除草剂；稗草叶龄在2.1叶期以前使用有机磷类除草剂；用毒土或甩喷操作，若与防治阔叶杂草的除草剂混配，采用毒土法或喷雾器甩喷，水层3~5厘米，保水5~7天。

⑤ 6叶期管理。最晚出叶期为6月15日、叶长21厘米左右，叶色达到浓绿明显较叶鞘深，叶态以弯、披叶为主，茎数6叶龄（12片叶品种为7叶龄）达计划茎数的50%~60%（280个茎）。注意防治负泥虫。注意对高岗田、漏水田的后期大龄稻稗进行防治。

⑥ 分蘖期水层管理。"花达水"移栽，深水（5~6厘米）扶苗，浅水（3厘米）增温促蘖。

如有落干，翌日早晨再灌，白天尽量不灌水、不落干，以免因蒸发带走热量，如需向根部供氧，也以夜间落干，早晨复水为好。

⑦ 分蘖期植株形态。N 叶移栽：$N+1$ 叶返青，$N+2$ 叶露尖出现分蘖；叶龄进程：11 叶品种最晚在 6 月 10 日长 5 叶，6 月 15 叶长出 6 叶，6 月 20 日长出 7 叶，6 月 25 日长出 8 叶；叶面积指数：分蘖始期为 2.0 左右，分蘖盛期为 3.0～3.5，分蘖高峰期为 3.5～4.0；叶色：由返青后的淡绿逐渐转深，分蘖盛期达青绿，无效分蘖期到分蘖末期，叶色由青绿转淡绿；功能叶：叶色深于叶鞘色，叶态弯披而不垂；叶耳：间距逐渐递增；分蘖：叉开，角度大，呈扇形；叶片：渐挺，根系发达，根白色有根毛，根基部橙黄色，无黑根。

⑧ 有效分蘖的诊断。有效分蘖临界叶位前出生的分蘖一般为有效分蘖；当主茎拔节时，分蘖叶的出生速度仍与主茎保持同步的为有效，速度明显变慢的为无效；拔节后 1 周，分蘖茎高达最高茎长 2/3 的为有效，不足者为无效；主茎拔节时，分蘖有 4 片绿叶的为有效，有 3 片绿叶的可以争取，有 2 片以下绿叶的为无效；拔节期有较多自生根系的为有效，没有或很少自生根

系的为无效。

(2) **生育转换期的管理** 水稻完成有效分蘖后，由营养生长向生殖生长转换，进入幼穗分化期。生育转换期是以幼穗分化为中心前后一个叶龄期，即以倒 4 叶为中心，前后 1 个叶龄期，在出穗前的 20～40 天，11 叶品种为 7 叶、8 叶、9 叶期。

① 7 叶期管理。最晚出叶日期为 6 月 20 日，叶长 26 厘米左右，叶色比 6 叶期略淡，叶态以弯叶为主，茎数 7 叶龄达计划茎数的 80％（450茎）。

11 叶品种开始晒田控蘖。晒至大面积无水、脚窝有水，地表出现微裂。可复水后再进行第二次晒田。

在 7～8 叶期喷施防阔叶杂草的药易发生药害，药害症状主要表现是心叶筒状、扭曲、黑根、抑制生长、不分蘖等。解救措施：喷施叶面肥（爱丰、丰业等）；喷施天然芸薹素或康凯等；施生物肥等。因此，施药时要严格按药品技术说明操作。

继续搞好负泥虫及田间杂草防治，同时进行稻瘟病的预测预报，及时防治。

② 8 叶期诊断。最晚出叶日期 6 月 25 日，

叶长 31 厘米左右，叶色平稳略降但不可过淡，叶态以弯、挺叶为主。11 叶品种 7.5 叶龄时达到计划茎数（550 茎），并开始幼穗分化。

③ 生育转换期增减叶诊断。生育转换期的增叶与减叶现象，在营养生长期由于高温、密播、苗弱、苗老化、密植、晚栽、成活不良、氮素不足等原因，会出现减叶现象，使幼穗分化提前 1 叶；在低温、稀植、氮素过高情况下会出现增叶现象，使幼穗分化拖后 1 叶。

诊断时机：减叶：11 片叶品种于 7～8 叶龄（12 片叶品种于 8～9 叶龄）连续数日在全田不同点取样 10 处，每处取主茎 2～3 个剥出生长点，若见生长点已变成幼穗，出现苞毛即可确定减叶；增叶：11 片叶品种于 8～9 叶龄采用同样方法观察，若生长点未变成幼穗，即可确定增叶。50％以上减叶，穗肥可提早 2～3 天施用；50％以上增叶，穗肥可延迟 2～3 天施用；增减 10％～20％的，穗肥按常规施用。

④ 9 叶期管理。最晚出叶日期 7 月 2 日，叶长 36 厘米左右。注意对稻瘟病的预防。

（3）孕穗期管理

① 10 叶期诊断。最晚出叶日期 7 月 9 日。11 叶品种叶长 31 厘米左右，叶鞘色应深于叶片

色，叶态挺叶为主，茎数应达到最高分蘖，无效分蘖开始死亡，此期进入拔节期，基部节间开始拔长，株高迅速增长。

② 剑叶期诊断。11 叶品种 7 月 15～16 日叶龄达 11 叶，7 月 25 日达到出穗期。剑叶露尖为封行适期。

③ 剑叶期防御低温冷害。倒 1 叶与倒 2 叶叶耳间距在 ±10 厘米期间为减数分裂期，叶耳间距 ±5 厘米时为小孢子初期，为水稻一生中对低温最敏感时期。减数分裂期特别是小孢子初期若遇到 17 ℃ 以下气温，会影响颖花育性，形成障碍型冷害，空壳率增加。7 月 16 日剑叶叶枕露出开始进入孕穗期，约经 9 天，即 7 月 25 日达到抽穗期。始穗至齐穗期约需 7 天。抽穗期遇 20 ℃ 以下气温，抽穗进程变慢，抽穗期延长，包茎现象增加，甚至花粉不发芽，形成空壳。

(4) 孕穗期健身防病 在孕穗到齐穗期，为健身防病、促熟，可喷施叶面肥磷酸二氢钾加米醋及防病药剂等，可提高结实率和粒重。

(5) 结实期的管理

① 结实期生育过程。此期从出穗到成熟是水稻结实期，是稻谷产量生产期。抽穗前 15 天、出穗后 25 天又是产量决定期。历经开花、受精、

灌浆（乳熟、蜡熟、黄熟），最终完成水稻的一生。

②结实期生育进程。开花受精后7～9天子房纵向伸长，12～15天长足宽度，20～25天厚度定型，籽粒鲜重在抽穗后25天达最大，35天左右干重基本定型。从抽穗到最终成熟，需40～50天，需活动积温900℃左右。

③结实期栽培管理。目标为养根、保叶、防早衰，保持结实期旺盛的物质生产和运输能力，保证灌浆结实过程有充足的物质供应，确保安全成熟，提高稻谷品质和产量。

④结实期的诊断。始穗到齐穗经7天左右，如遇低温天气，抽穗速度变慢，齐穗期拖后。

开花期需要较高的温度和充足的光照，此时如遇低温、连续阴雨，将增加空粒率。灌浆结实过程，以日平均温度20℃以上为好。温度低，灌浆速度变慢；日平均气温降至15℃以下，植株物质生产能力停止，这是水稻安全成熟的界限期；日平均气温降至13℃以下，光合产物停止运转，灌浆随之停止。

结实期叶长与叶态都已定型，正常的叶色为绿而不浓。抽穗期主茎绿叶数不少于4片，功能叶为剑叶。要防止叶片衰老，保持活叶成熟。

若长期淹水，过早停灌，或严重脱肥，叶片衰老速度加快，将导致物质生产不足，秕粒增多，千粒重降低，减产降质；若后期施氮过多，叶色过浓，则光合产物向籽粒分配减少，灌浆速度减慢，秕粒增多，粒重降低，稻米蛋白质含量提高，食味下降。

⑤ 结实期管理措施。主要是养根保叶，乳熟期要间歇灌溉，即灌 3～5 厘米浅水，自然落干至地表无水再行补水，如此反复；蜡熟期间歇灌溉，灌 3～5 厘米浅水自然落干，脚窝无水再行补水，如此反复，直至蜡熟末期停灌，黄熟初期排干。

叶色正常情况下，不需施肥。剑叶明显褪淡，脱肥严重时，抽穗期补施粒肥，用量不超过全生育期施氮量的 10%。防治穗颈瘟、枝梗瘟、粒瘟及其他穗粒部病害，与喷施叶面肥、水稻促早熟技术相结合进行。

6. 收获、脱谷、干燥、贮藏

(1) 水稻成熟适期收割的标准 95% 以上的粒颖壳变黄，2/3 以上穗轴变黄，95% 的小穗轴和副护颖变黄，即黄化完熟率达 95% 为收割适期。

(2) 收割后晾晒 水分降到 16% 以内，经过脱谷晾晒使水分达到 14.5％的标准。

（3）按品种分别脱谷 换品种时必须清扫场地及机具，防止异品种混杂，降低产品等级。

（4）粮食入库贮藏 最晚在结冻前完成，防止冰冻、雪捂等降低品质。

主要参考文献

陈雄飞，罗锡文，王在满，等，2014. 水稻穴播同步侧位深施肥技术试验研究. 农业工程学报，30 (16)：1 - 7.

樊小林，刘芳，廖照源，等，2009. 我国控释肥料研究的现状和展望. 植物营养与肥料学报，15 (2)：463 - 473.

胡树文，2014. 缓/控释肥料. 北京：化学工业出版社：37 - 99.

刘宝存，2009. 缓控释肥料：理论与实践. 北京：中国农业科学技术出版社：1 - 28.

彭少兵，2014. 对转型时期水稻生产的战略思考. 中国科学：生命科学，44 (8)：845 - 850.

彭少兵，2016. 转型时期杂交水稻的困境与出路. 作物学报，42 (3)：313 - 319.

王伟妮，2014. 基于区域尺度的水稻氮磷钾肥料效应及推荐施肥量研究——以湖北省为例. 武汉：华中农业大学.

武志杰，周健民，2001. 我国缓释控释肥料发展现状、趋势及对策. 中国农业科技导报，3 (1)：73 - 76.

武志杰，等，2003. 缓释/控释肥料：原理与应用. 北京：科学出版社：9 - 15.

许秀成，李萍，王好斌，2000. 包裹型缓释/控制释放肥料专题报告. 磷肥与复肥，3：1 - 6.

杨相东，曹一平，江荣风，等，2005. 几种包膜控释肥氮素释放特性的评价. 植物营养与肥料学报，4：501 - 507.

张夫道，王玉军，2008. 我国缓/控释肥料的现状和发展方向. 中国土壤与肥料（4）：1 - 4.

张福锁，陈新平，崔振岭，等，2010. 主要作物高产高效技术规程. 北京：中国农业大学出版社.

张洪程，龚金龙，2014. 中国水稻种植机械化高产农艺研究现状及发展探讨. 中国农业科学，47（7）：1273 - 1289.

张洪程，郭保卫，龚金龙，2013. 加快发展水稻丰产栽培机械化稳步提升我国稻作现代化水平. 中国稻米，19（1）：3 - 6.

张景振，2013. 脲甲醛肥料研制及效果研究. 北京：中国农业科学院.

张民，史衍玺，杨守祥，等，2001. 控释和缓释肥的研究现状与进展. 化肥工业，5：27 - 30，61 - 63.

中国农村技术开发中心，2015. 高效缓控释肥新产品和新技术. 北京：中国农业科学技术出版社：1 - 26.

中国水稻研究所，2014. 2014 年中国水稻产业发展报告. 北京：中国农业科学技术出版社.

朱德峰，陈惠哲，徐一成，等，2013. 我国双季稻生产机械化制约因子与发展对策. 中国稻米，19（4）：1 - 4.

朱德峰，程式华，张玉屏，等，2010. 全球水稻生产现状与制约因素分析. 中国农业科学，43（3）：474 - 479.

朱德峰，张玉屏，陈惠哲，等，2015. 中国水稻高产栽培技术创新与实践. 中国农业科学，48（17）：3404 - 3414.

致　谢

公益性行业（农业）科研专项"主要粮食作物一次性施肥技术的研究与示范（201303103）"为本书提供了丰富的资料与素材；同时，本书也吸收和借鉴了国内外其他学者的有关著作和论文相关内容。由于篇幅所限，不能一一注明出处，在此谨向他们表示感谢！

图书在版编目（CIP）数据

水稻一次性施肥技术 / 李小坤主编 . —北京：中国农业出版社，2017.1（2019.6 重印）
（听专家田间讲课）
ISBN 978 - 7 - 109 - 22469 - 8

Ⅰ.①水… Ⅱ.①李… Ⅲ.①水稻栽培-施肥 Ⅳ.①S511.06

中国版本图书馆 CIP 数据核字(2016)第 299711 号

中国农业出版社出版
（北京市朝阳区麦子店街 18 号楼）
·（邮政编码 100125）
责任编辑 魏兆猛

中农印务有限公司印刷 新华书店北京发行所发行
2017 年 1 月第 1 版 2019 年 6 月北京第 2 次印刷

开本：787mm×960mm 1/32 印张：6 插页：1
字数：92 千字
定价：18.00 元
（凡本版图书出现印刷、装订错误，请向出版社发行部调换）